U0180621

普通高等教育"十三五"规划教材

土木工程施工生产 实习指导

主　编　章慧蓉
副主编　刘占省　杨　璐
主　审　杨　静

北　京
冶金工业出版社
2020

内 容 提 要

本书结合土建类专业应用型人才培养的科学定位，就生产实习的实践教学目标、内容、考核方式、注意事项等内容进行了总结，明确了土木工程施工生产实习的基本教学要求，通过一些生产实习的具体案例，辅助学生在实践之前了解实习的注意事项、工程现场的管理模式，有的放矢地进行生产实习。全书分为7章，分别为土木工程施工生产实习概论、土木工程施工生产实习的特点、土木工程施工生产实习安全教育、生产实习的施工现场组织结构形式、土木工程施工质量控制、土木工程施工生产实习成果的整理与总结、土木工程施工生产实习优秀成果案例。

本书既可作为高等院校土木工程专业本科生生产实习教材，也可作为高等专科学校土木类、房建类专业学生的实习教材，还可供相关专业的工程技术、管理人员和施工人员参考。

图书在版编目(CIP)数据

土木工程施工生产实习指导/章慧蓉主编. —北京：冶金工业出版社，2020.7

普通高等教育"十三五"规划教材

ISBN 978-7-5024-8507-8

Ⅰ.①土… Ⅱ.①章… Ⅲ.①土木工程—工程施工—高等学校—教学参考资料 Ⅳ.①TU7

中国版本图书馆 CIP 数据核字（2020）第 087513 号

出 版 人 陈玉千
地 址 北京市东城区嵩祝院北巷 39 号 邮编 100009 电话 (010)64027926
网 址 www.cnmip.com.cn 电子信箱 yjcbs@cnmip.com.cn
责任编辑 李培禄 常国平 美术编辑 彭子赫 版式设计 禹 蕊
责任校对 郑 娟 责任印制 李玉山
ISBN 978-7-5024-8507-8
冶金工业出版社出版发行；各地新华书店经销；三河市双峰印刷装订有限公司印刷
2020 年 7 月第 1 版，2020 年 7 月第 1 次印刷
787mm×1092mm 1/16；7.25 印张；175 千字；107 页
39.00 元

冶金工业出版社 投稿电话 (010)64027932 投稿信箱 tougao@cnmip.com.cn
冶金工业出版社营销中心 电话 (010)64044283 传真 (010)64027893
冶金工业出版社天猫旗舰店 yjgycbs.tmall.com
（本书如有印装质量问题，本社营销中心负责退换）

前　言

　　土木工程施工生产实习是高等院校土木工程专业教学计划中一个重要的实践教学环节，在对土木工程技术人员的基本训练过程中起着非常重要的作用，是为了适应教育教学与科学技术、生产实践相结合的要求，强化实践能力，培养应用型人才，满足科技的发展对人才的要求安排的一个不可替代的重要教学环节，也是土木工程专业学生在走向社会、走上工作岗位之前进行的一次实践训练。因此，生产实习对于培养学生的创新能力、动手能力、实干精神和综合素质起着非常重要的作用。

　　由于实践教学随施工现场具体工程实际变化比较大，不容易总结教学经验，并且一些施工企业并不愿意接受实习学生，实习有时成了学生的小假期。这是由高校和企业的职能和追求目标的不同造成的。实际工程需要绝对可靠的方案和技术，它的目标是生产出直接投入市场、有竞争力的产品，而学生参加工程实践的目的在于从实践中开阔视野、培养能力、学以致用，所以职能的不同使实践教学在具体实施中有一定的难度。此外，学生在施工现场的生产安全也是很多企业顾虑接收学生实习的一个主要方面。鉴于此，本教材的编写将视角关注于土木工程专业大学生校外实习生产安全管理研究和质量保障机制研究，一方面希望打消企业的顾虑，能更好地合作，另一方面希望学生在实践之前通过了解生产实习的实践教学目标、内容、考核方式、注意事项等，帮助学生了解土木工程施工生产实习的基本教学要求等；此外通过一些生产实习的具体案例，辅助学生有的放矢地进行生产实习。

　　本教材由北京工业大学城市建设学部章慧蓉主编，北京工业大学城市建设学部刘占省、杨璐参与了土木工程施工生产实习成果的整理与总结，由北京建筑大学土木学院杨静主审。

　　本教材的出版得到了北京工业大学2019~2020年度本科教材建设的课题项

目（项目编号：004000514119519、047000514120513）经费的支持，并得到了 2018 年度北京工业大学教育教学研究课题"土木工程专业大学生校外生产实习质量与保障体系管理的实践与研究"（课题编号：C0205）的支持，在此表示感谢。并向为本教材编写提供图片和素材的中建八局各位指导老师表示感谢。

本教材在编写过程中参考了不少文献资料，主要书目均列在本书参考文献中，在此谨向原著的作者们致以诚挚的谢意。

本教材既可作为高等院校土木工程专业本科生生产实习教材，也可作为高等专科学校土木类、房建类专业学生的实习教材，还可供相关专业的工程技术人员、管理人员和施工人员参考。

土木工程施工管理内容丰富、庞杂，技术不断更新，编者自身水平有限，书中如有错误和不妥之处，敬请读者批评、指正。

编　者

2020 年 3 月

目　　录

土木工程施工生产实习概论

【本章学习知识点】 本章通过介绍土木工程专业的实践教学体系和生产实习的实践教学目标、内容等，帮助学生了解土木工程施工生产实习的基本教学要求等，从而有的放矢地进行生产实习。

1.1 土木工程专业的实践教学体系

高校工科教育由理论教学与实践教学两大部分组成，而实验、实习、课程设计和毕业设计等环节组成实践教学这一部分，大体上占了大学教育阶段30%的时间。其中由专业学科部直接组织的实践教学环节构成了我们称之为工程实践教学体系，约占实践教学总学时的2/3，可见其比重之大，也非常重要。

土木工程专业高等教育人才培养包括：

（1）工程科学人才——从事科学研究为主；

（2）工程技术人才——从事技术开发、应用等为主；

（3）工程技能人才——从事技能操作、建造等为主。

对他们的培养要注意四要素，即知识结构、实践技能、能力结构、综合素质与创新意识，而这四要素是缺一不可的。工程应用创新型人才培养不仅要重视基础理论教学，同时要重视学生的实践动手能力。图1-1为工程实践教育在各教学环节中的阶段和目标。

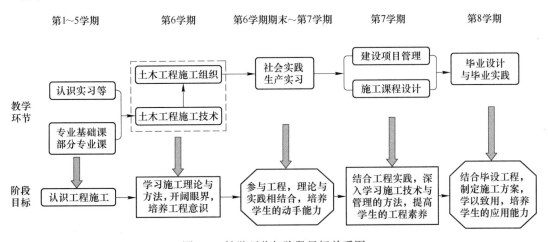

图 1-1　教学环节与阶段目标关系图

1.2   《土木工程施工生产实习》实践教学课程的教学目标和内容

《土木工程施工生产实习》实践教学课程是土木工程专业实践教学体系中的一个重要环节，课程强调理论与实际相联系，注重培养学生的动手能力和实践能力。生产实习通常是土木工程专业本科生在完成全部基础课、专业基础课及部分专业课程，如完成土木工程施工理论教学之后进行的实践教学活动。

1.2.1   实习性质及目的

土木工程施工生产实习是高等院校土木工程专业教学计划中的一个重要的教学环节，在对土木工程技术人员的基本训练过程中起着重要的作用；是为了适应教育教学与科学技术、生产实践相结合的要求，强化实践能力，培养应用型人才，满足知识经济的发展对21世纪人才的要求而安排的一个不可替代的重要教学环节；也是土木工程专业学生在走向社会、走上工作岗位之前进行的一次实践训练。

生产实习的目的是：理论联系实际，验证、巩固、深化所学理论知识，并为后续专业课程学习取得感性认识；通过生产实践，学习建筑结构、施工技术、施工管理及技术经济的实际知识；在实习过程中参加设计、施工、监理、咨询、项目管理等技术环节，运用理论知识，初步培养分析问题、解决问题、从实践中汲取知识及概括总结的能力；向工人和工程技术人员学习，既学习他们的操作技能、专业知识，又学习他们严谨科学、认真负责的工作作风。通过生产实习，进一步了解我国建筑业目前采用的新材料、新技术、新设备、新方法，生产水平与管理水平，加深对本专业的了解。

1.2.2   实习内容

在施工现场进行的生产实习，主要包括以下工作内容，但不仅仅如此，可根据实际情况适当增减：

(1) 协助测量人员进行抄平放线以及构件安装的校正工作；

(2) 熟悉施工图、审图及翻样工作；

(3) 钢筋下料计算，填写下料单及工程任务单；

(4) 填写材料、构件加工单及工程任务单；

(5) 在工程师、技术人员指导下制定施工方案；

(6) 协助工程师、技术人员调查处理施工中的实际问题；

(7) 协助工长对隐蔽工程进行检查，填写隐蔽工程记录；

(8) 参加施工过程中的质量检查及竣工验收工作；

(9) 协助预算员编制施工图预算工作；

(10) 在建设监理人员指导下参与工程建设监理活动；

(11) 学习总结先进的施工技术及管理经验；

(12) 结合工程实际及特点，在工程技术人员指导下进行专题研究，收集资料整理后提出专题研究报告。

1.3 土木工程施工生产实习的组织和注意事项

1.3.1 土木工程施工生产实习的组织

由教师负责生产实习的组织工作，并进行必要的检查工作。教师要经常了解实习情况，对存在的问题及时给予解决。实习单位的工程师、技术人员负责实习的具体指导工作，并对所指导的学生提出实习期间的鉴定意见（见表1-1），由学生返校时提交指导教师作为考核依据之一。

表1-1 高校土木工程专业实习鉴定表（模板）

姓 名		学 号	
实习地点		实习时间	
实习内容			
指导人员 意见			
备注			

1.3.2　土木工程施工生产实习的注意事项

土木工程施工生产实习的注意事项如下：

（1）学生到实习单位后要进行安全教育、纪律教育。学生要严格遵守实习单位的有关规定和纪律。

（2）学生要服从指导人员所安排的实习工作。

（3）要尊重指导实习的工程师、技术人员。对工作安排等有意见及时向教师反映，由教师同指导人员协调解决。

（4）学生有事要向实习指导人员请假，不得擅自行动。

（5）注意安全和身体健康。

1.4　土木工程施工生产实习的成果考核形式

对所参与的建设项目的建筑设计、结构设计、施工技术、施工组织、旁站监理、项目管理等主要工作内容中本人体会深、接触多的工作进行总结并完成实习报告。对先进的技术及管理资料可收集整理，进行专题研究的可提出专题报告。在实习过程中，每人每天应写实习日记。

2 土木工程施工生产实习的特点

【本章学习知识点】 本章通过介绍建筑产品的特点和施工企业的特点，帮助学生了解土木工程施工生产实习的特点和注意事项，也是学生进行生产实习之前对建设生产基本常识的一个了解和熟悉的过程。

2.1 建筑产品和建筑生产的特殊性

土木工程施工生产实习的特点是由接受学生实习的施工企业的特点及建筑产品和建筑生产的特殊性决定的，本节将详细介绍建筑产品和建筑生产的特殊性。

2.1.1 建筑产品的特殊性

建筑产品的特殊性包括：

（1）产品具有固定性。建筑产品——各种建筑物和构筑物，在一个地方建造后不能移动，只能在建造的地方供长期使用，它直接与作为基础的土地连接起来，在许多情况下，这些产品本身甚至就是土地不可分割的一部分。例如油气田、地下铁道和水库，建筑产品本身是固定不动的。

（2）建筑产品的多样性。建筑业根据不同的用途、不同的地区，建造不同形式的多种多样的房屋和构筑物，这就显出了建筑产品的多样性。此外，建筑产品的多样性还体现在：建筑业的每一个建筑产品，需要一套单独的设计图纸，而在建造时根据各地区的施工条件，采用不同的施工方法和施工组织，即便是采用同一种设计图纸的建筑产品，由于地形、地质、水文、气候等自然条件的影响，以及交通、材料资源等社会条件的不同，在建造时往往也需要对设计图纸及施工方法和施工组织等作相应的改变。

（3）建筑产品的体积庞大。建筑产品的体积庞大，在建造过程中要消耗大量的人力、物力和财力，所需建筑材料数量巨大，品种复杂，规格繁多，常以万计。由于建筑产品体积庞大，因此占用空间也多。

2.1.2 建筑生产的技术经济特点

建筑生产的技术经济特点包括：

（1）单件性。每件建筑产品都有专门的用途，都需采用不同的造型、不同的结构、不同的施工方法，使用不同的材料、设备和建筑艺术形式。根据使用性质、耐用年限和抗震要求，采用不同的耐用等级、耐火等级和抗震等级。

随着建筑科学技术的发展，新的建筑材料、新的建筑结构不断涌现，建筑艺术形式经常推陈出新，既使用途相同的建筑产品，因为在不同时期兴建，采用的材料、结构和艺术形式也会不同。

（2）流动性。建筑产品的固定性和严格的施工顺序，带来了建筑产品生产的流动性，使生产者和生产工具经常流动转移，要从一个施工段转到另一个施工段，从房屋这个部位转到那个部位，在工程完工后，还要从一个工地转到另一个工地。

生产设备、材料、附属生产加工企业、生产和生活设施经常迁移。

（3）综合性。建筑产品的生产首先由勘察单位进行勘测，设计单位设计，然后施工单位进行施工准备和施工，最后经过竣工验收交付使用。所以建安单位在生产过程中，要和兴建单位、建设银行、设计单位、材料供应部门、分包等单位配合协作。由于生产过程复杂，协作单位多，所以建筑生产是一个特殊的生产过程，综合性强。

（4）影响因素很多，特别受气候条件影响大。建筑产品生产过程中，影响因素很多。例如设计的变更、情况的变化、资金和物资的供应条件、专业化协作状况、城市交通和环境等，这些因素对工程进度、工程质量、建筑成本等都有很大的影响。

此外由于建筑产品的固定性，只能在露天进行操作，受气候条件影响很大，生产者劳动条件差，有时烈日当空，有时天寒地冻，而一些分部、分项工程，如浇筑混凝土、钢结构的吊装等会受到室外温度的影响，因此需要采用一些特殊的施工技术措施来保证工程的顺利实施。

（5）不可间断性。一个建筑产品的生产全过程是：确定项目、选择地点、勘察设计、征地拆迁、购置设备和材料、建筑施工和安装、试车（或试水、试电）验收，直到竣工投产（或使用），这是一个不可间断的、完整的、周期性的生产过程；从建筑施工和安装过程来看，要能形成建筑产品，需要经过场地平整、主体工程、装饰工程，最后交工验收。

建筑产品是一个长期持续不断的劳动过程的成果。这种产品，只有到生产过程终了才能完成，才能发挥作用。当然，在这个过程中也可以生产出一些中间产品或局部产品。

在产品生产过程中要求各阶段、各环节、各项工作必须有条不紊地组织起来，在时间上不间断，空间上不脱节。要求生产过程的各项工作必须合理组织、统筹安排，遵守施工程序，按照合理的施工顺序科学地组织施工。

（6）生产周期长。建筑产品的生产周期是指建设项目在建设过程中所耗用的时间，即从开始施工起，到全部建成投产或交付使用、发挥效益时止所经历的时间。

建筑产品生产周期长，有的建筑项目，少则一二年，多则三四年、五六年，甚至十多年。因此它必须长期大量占用和消耗人力、物力和财力，要到整个生产周期完结才能出产品。故应科学地组织建筑生产，不断缩短生产周期，尽快提高投资效果。

这些因素决定了生产实习具有不确定性，今年在这个工地，明年可能在另一个工地；安全意识要强，工地多为露天工地，受周围环境影响大；此外由于施工企业技术、管理水平参差不齐，学到的技术和经验与工程本身和具体的施工企业管理水平都直接有关。

2.2　建筑施工企业的类型

建筑工程施工企业类型众多，有总承包、专业承包、劳务分包；总承包的资质又分为特级、一级、二级、三级。

建筑工程施工总承包企业资质等级标准承包工程范围如下：

（1）特级企业：可承担各类房屋建筑工程的施工。

（2）一级资质企业：可承担下列建筑工程的施工：

1）高度200m以下的工业、民用建筑工程；

2）高度240m以下的构筑物工程。

（3）二级资质企业：可承担下列建筑工程的施工：

1）高度100m以下的工业、民用建筑工程；

2）高度120m以下的构筑物工程；

3）建筑面积15万平方米以下的建筑工程；

4）单跨跨度39m以下的建筑工程。

（4）三级资质企业：可承担下列建筑工程的施工：

1）高度50m以下的工业、民用建筑工程；

2）高度70m以下的构筑物工程；

3）建筑面积8万平方米以下的建筑工程；

4）单跨跨度27m以下的建筑工程。

在这里建筑工程是指各类结构形式的民用建筑工程、工业建筑工程、构筑物工程以及相配套的道路、通信、管网管线等设施工程。工程内容包括地基与基础、主体结构、建筑屋面、装修装饰、建筑幕墙、附建人防工程以及给水排水及供暖、通风与空调、电气、消防、防雷等配套工程。

单项合同额3000万元以下且超出建筑工程施工总承包二级资质承包工程范围的建筑工程的施工，应由建筑工程施工总承包一级资质企业承担。

此外，根据施工的工程类别，又包括不同的专业施工企业，如公路工程、化工石油等。总承包资质和专业承包资质见表2-1。

表2-1　总承包资质和专业承包资质表

序号	总承包资质	专业承包资质
1	房屋建筑工程施工总承包	地基与基础；机电设备安装；建筑装修装饰；钢结构；高耸构筑物；园林古建筑；消防设施；建筑防水；附着脚手架；起重设备安装；金属门窗；土石方
2	公路工程施工总承包	公路路面；公路路基；桥梁工程专业承包；隧道；土石方
3	铁路工程施工总承包	桥梁；隧道；铁路铺轨架梁；土石方；爆破与拆除
4	港口与航道工程施工总承包	港口及海岸；航道；通航建筑；通航设备安装；土石方
5	水利水电工程施工总承包	水工大坝；水工建筑物基础处理；水利水电机电设备安装；水工金属结构制作与安装；水工隧洞；土石方；河湖整治；堤防
6	电力工程施工总承包	火电设备安装；送变电；土石方；防腐保温；无损检测；管道工程
7	矿山工程施工总承包	土石方；爆破与拆除；隧道；机电设备安装
8	冶炼工程施工总承包	冶炼机电设备安装；炉窑；土石方；高耸建筑物；地基与基础；防腐保温；无损检测；管道；钢结构
9	化工石油工程施工总承包	化工石油设备管道安装；管道工程专业承包；无损检测；防腐保温；土石方；钢结构；起重设备安装；地基与基础

续表 2-1

序号	总承包资质	专业承包资质
10	市政公用工程施工总承包	城市及道路照明；土石方；桥梁；隧道；环保；城市及道路照明；管道；防腐保温；机场场道
11	通信工程施工总承包	电信
12	机电安装工程施工总承包	起重设备安装；机电设备安装

　　由此可见，土木工程生产实习具有复杂性、多样性和不可确定性，了解土木工程生产实习的特点，有助于合理安排土木工程生产实习，使学生在有限的实习期间了解实习企业的背景知识，找准所在工程建设实践的重点，有的放矢地进行学习和实践。

3 土木工程施工生产实习安全教育

【本章学习知识点】 由于建筑施工多数是露天作业，受环境、气候的影响较大；建筑施工队伍又是一个多工种组成的队伍，人员多、工种繁杂，再加上施工队伍分几处同时作业，管理不大方便，所以安全生产难度大。

正是因为这些特点，学生实习时更要重视安全生产知识的普及，同时也要了解安全生产和安全文明施工技术的基本常识等。

3.1　施工现场安全生产概述

安全生产是社会文明和进步的重要标志，是行业稳定发展的重要保障。建筑业也不例外，可以说，安全生产是建筑业顺利发展的基本保障。

安全科学技术对安全的定义为：没有危险、不受威胁、不出事故，即消除能导致人员伤害、发生疾病和死亡，或者造成设备财产破坏、损失以及危害环境的条件。

建筑施工多数是露天作业，受环境、气候的影响较大；建筑施工队伍是一个多工种组成的队伍，人员多、工种繁杂，再加上施工队伍分几处作业，管理不大方便，所以安全生产难度大。因此施工安全主要有以下几个特点：

（1）建筑产品的多样性和施工条件的差异性，决定了建筑工程施工安全管理的复杂性和技术措施的全面性。

（2）建筑施工的季节性和人员的流动性，决定了在建筑施工企业中季节工、临时工和劳务人员占有相当大的比例。因此，安全教育和培训任务重，工作量大。

（3）建筑安全技术涉及面广，包括高处作业、电气、起重、运输、机械加工和防火、防爆、防尘、防毒等多专业的安全技术。

（4）施工的流动性与施工设施、防护设施的临时性，容易使施工人员产生临时思想，忽视这些设施的质量，使不安全隐患不能及时消除，以致爆发事故。

（5）建筑施工行业容易发生伤亡事故的是高处坠落、起重伤害、触电、坍塌和物体打击。防止这些事故的发生是建筑施工安全工作的重点。

截至 2017 年年底，我国施工活动的从业人数有 5536.90 万人（来源：中国建设网），是世界上最大的行业劳动群体之一，但是他们的劳动环境和安全状况却存在问题，建筑业的伤亡也会给国家和人民群众的生命和财产带来巨大损失，建筑业是我国所有工业部门中仅次于采矿业的危险行业。

在建筑业的生产过程中，存在着许多不利于安全生产的因素，由于建筑产品的固定性和生产的流动性使得班组需要经常更换工作环境；从组织结构看，通常总公司与项目所在地分离，公司的安全措施是否能在项目中得到充分的落实，分包体制的存在是否增加了安全管理的难度，都是需要全面考虑的问题。与国外先进水平相比，我国建筑业安全问题的主要原因是来自于管理方式，建筑施工中的管理主要是一种目标导向的管理，我国现阶段的许多建筑业管理层面只要结果而不求过程，对安全管理不够重视；从从业人员看，大多数工人来自农村，受到的教育培训少，安全意识较差。正是因为这些特点，学生实习时不仅要重视安全生产知识的普及，同时也要重视学生生产实习安全管理制度的建设和劳动条件的改善。

3.2　生产实习中的安全知识普及

如前所述，由于建筑施工多数是露天作业，受环境、气候的影响较大；建筑施工队伍是一个多工种组成的队伍，人员多、工种繁杂，再加上施工队伍分几处同时作业，管理不大方便，所以安全生产难度大。

因此本科生实习阶段，一定要加强学生的安全生产教育，提高他们的防范意识，使他们具备一定的安全技能和良好的安全知识，不但自己要自觉遵守各项规章制度和标准，而且要帮助别人遵守各项规章制度和标准；不但自己要对自身的安全负责，还要乐于将自己所了解的安全知识和经验分享给其他同学和施工现场的其他工作人员。尤其要介绍诸如"三宝""四口""五临边"等最基本的安全常识和相应的安全防护措施。

（1）"三宝"是建筑工人安全防护的三件宝，即安全帽、安全带、安全网，如图3-1所示。进入施工现场的人员必须正确佩戴安全帽；在建工程外脚手架架体外侧应用密目式安全网封闭；高处作业人员应按规定系挂安全带。

图 3-1　"三宝"示意图

（2）"四口"防护，即在建工程的预留洞口、电梯井口、通道口、楼梯口的防护。在建工程的孔、洞应采取防护措施；电梯井口／楼梯口边的防护设施应形成定型化、工具化，牢固可靠，防护栏杆漆刷黄黑色相间警示色；通道口防护应严密、牢固。

（3）"五临边"防护，即在建工程的楼面临边、屋面临边、阳台临边、升降口临边、基坑临边的防护。临边高处作业必须设置防护措施；安全防护设施应做到定型化、工具化。

此外以下内容也建议在实习动员期间对学生进行普及。

3.2.1 了解基本的建设工程安全事故的分类和造成安全事故的主要原因

3.2.1.1 工程安全事故和伤亡事故的级别

按照国务院令第 493 号《生产安全事故报告和调查处理条例》规定的生产安全事故等级划分，分为 4 个等级：

（1）特别重大事故，是指造成 30 人以上死亡，或者 100 人以上重伤，或者 1 亿元以上直接经济损失的事故；

（2）重大事故，是指造成 10 人以上 30 人以下死亡，或者 50 人以上 100 人以下重伤，或者 5000 万元以上 1 亿元以下直接经济损失的事故；

（3）较大事故，是指造成 3 人以上 10 人以下死亡，或者 10 人以上 50 人以下重伤，或者 1000 万元以上 5000 万元以下直接经济损失的事故；

（4）一般事故，是指造成 3 人以下死亡，或者 10 人以下重伤，或者 100 万元以上 1000 万元以下直接经济损失的事故。

该等级划分所称的"以上"包括本数，所称的"以下"不包括本数。

3.2.1.2 按致害起因类别划分

《企业职工伤亡事故分类标准》（GB 6411—86）按致害起因将伤亡事故分为 20 种，见表 3-1。

表 3-1 伤亡事故类别

序号	事故类别	序号	事故类别
1	物体打击	11	冒顶片帮
2	车辆伤害	12	透水
3	机械伤害	13	放炮
4	起重伤害	14	火药爆炸
5	触电	15	瓦斯爆炸
6	淹溺	16	锅炉爆炸
7	灼烫	17	容器爆炸
8	火灾	18	其他爆炸
9	高空坠落	19	中毒和窒息
10	坍塌	20	其他伤害

3.2.1.3 建筑施工安全事故类别

在建筑施工中发生的安全事故类别很多，其中常见的事故汇于表 3-2 中。

表 3-2 常见建筑施工安全事故类型

序号	类别	常 见 形 式
1	物体打击	空中落物、崩块和滚动物体的砸伤
2		触及固体或运动中的硬物、反弹物的碰伤、撞伤
3		器具、硬物的击伤
4		碎屑、破片的飞溅伤害
5	高处坠落	从脚手架或垂直运输设施坠落
6		从洞口、楼梯口、电梯口、天井口或坑口坠落
7		从楼面、屋顶、高台边缘坠落
8		从施工安装中的工程结构上坠落
9		从机械设备上坠落
10		其他因滑跌、踩空、拖带、碰撞、翘翻、失衡等引起的坠落
11	机械伤害	机械转动部分的绞入、碾压和拖带伤害
12		机械工作部分的钻、刨、削、锯、击、撞、挤、砸、轧等的伤害
13		滑入、误入机械容器和运转部分的伤害
14		机械部件的飞出伤害
15		机械失稳和倾翻事故的伤害
16		其他因机械安全保护设施欠缺、失灵和违章操作所引起的伤害
17	起重伤害	起重机械设备的折臂、断绳、失稳、倾翻事故的伤害
18		吊物失衡、脱钩、倾翻、变形和折断事故的伤害
19		操作失控、违章操作和载人事故的伤害
20		加固、翻身、支撑、临时固定等措施不当事故的伤害
21		其他起重作业中出现的砸、碰、撞、挤、压、拖作用伤害

序号	类别	常 见 形 式
22	触电	起重机械臂杆或其他导电物体搭碰高压线事故伤害
23		带电电线（缆）断头、破口的触电伤害
24		挖掘作业损坏埋地电缆的触电伤害
25		电动设备漏电伤害
26		雷击伤害
27		拖带电线机具电线绞断、破皮伤害
28		电闸箱、控制箱漏电和误触伤害
29		强力自然因素致断电线伤害
30	坍塌	沟壁、坑壁、边坡、洞室等的土石方坍塌
31		因基础掏空、沉降、滑移或地基不牢等引起的其上墙体和建（构）筑物的坍塌
32		施工中的建（构）筑物坍塌
33		施工临时设施的坍塌
34		堆置物的坍塌
35		脚手架、井架、支撑架的倾倒和坍塌
36		强力自然因素引起的坍塌
37		支撑物不牢引起其上物体的坍塌
38	火灾	电器和电线着火引起的火灾
39		违章用火和乱扔烟头引起的火灾
40		电、气焊作业时引起易燃物燃烧
41		爆炸引起的火灾
42		雷击引起的火灾
43		自然和其他因素引起的火灾

序号	类别	常　见　形　式
44	爆炸	工程爆破措施不当引起的爆破伤害
45		雷管、火药和其他易燃物爆炸物资保管不当引起的爆炸事故
46		施工中电火花和其他明火引燃易燃物事故
47		瞎炮处理中的伤害事故
48		在生产中的工厂施工中出现的爆炸事故
49		高压作业中的爆炸事故
50		乙炔罐回火爆炸伤害
51	中毒和窒息	一氧化碳中毒、窒息
52		亚硝酸钠中毒
53		沥青中毒
54		空气不流通场所施工中毒窒息
55		炎夏和高温场所作业中暑
56		其他化学品中毒，如沼气中毒
57	其他伤害	钉子扎脚和其他扎伤、刺伤
58		拉伤、扭伤、跌伤、碰伤
59		烫伤、灼伤、冻伤、干裂伤害
60		溺水和涉水作业伤害
61		高压（水、气）作业伤害
62		从事身体机能不适宜作业的伤害
63		在恶劣环境下从事不适宜作业的伤害
64		疲劳作业和其他自持力变弱情况下进行作业的伤害
65		其他意外事故伤害

3.2.2　了解建设安全隐患和安全事故征兆

在安全事故发生之前所显示出来的可能要出事的迹象谓之安全事故的征兆。如能及早发现并及时采取排险措施，则有可能阻止安全事故的发生；即使不能阻止，也可以及时撤离人员和采取保护措施，以减轻事故的伤害和损失。

安全事故的征兆按其出现的顺序可大致分为早期（初现）征兆、中期（发展）征兆和晚期（临发）征兆：

早期征兆是指在安全事故起因物开始启动后初现的迹象，如结构杆件的初始变形、土方的初始开裂、滑动等。

中期征兆是指早期征兆发展与扩大迹象，如变形迅速发展、裂缝显著扩张、局部土体开始移动、坍塌等。

晚期征兆是指在事故发生前，原有状态面临突变的迹象，如即将发生裂断、折断、脱离等险情，预示事故即至。

发现各期征兆后的处理方法列入表 3-3 中。如果难以准确地判断征兆的类别，则应按后一级的办法进行处置，即大致判断为"早期征兆"者，按"中期征兆"处理；大致判断为"中期征兆"者，按"后期征兆"处理。以免因判断失准，延误发出指令的时间，造成难以挽回的伤害和损失。

表 3-3　安全事故征兆发现后的处理方法

征兆类别	发现后的处理方法
早期征兆	（1）设专人并采用可靠检测手段对发现的征兆进行日夜监视，尽快确定其是否在向前发展，发展的速度如何； （2）认真研究征兆的发展情况，确定需要采取的处置措施，并立即安排实施
中期征兆	（1）确定排险措施和保护措施，并立即实施； （2）在确定不能有效制止征兆继续发展时，应安排和撤离危险区域的人员以及设备和物品
晚期征兆	（1）发出紧急警令、信号； （2）停止一切排险工作，迅速撤离人员

3.2.3　了解安全事故应急救援与预案

安全事故发生后，施工企业应根据自身特点，制定建筑施工安全事故应急救援预案。

重大事故应急救援预案由现场（企业）应急计划和场外应急计划组成。现场应急计划由企业负责，场外应急计划由政府主管部门负责。现场应急计划和场外应急计划应分开，但应协调一致。

3.2.3.1　事故应急救援

事故应急救援，是指在发生事故时，采取的消除、减少事故危害和防止事故恶化，最大限度地降低事故损失的措施。事故应急救援预案，又称应急预案、应急计划（方案），是根据预测危险源、危险目标有可能发生事故的类别、危害程度，为使一旦发生事故时应当采取的应急救援行动及时、有效、有序，而事先制订的指导性文件，是事故救援系统的重要组成部分。

3.2.3.2　应急预案的分级

我国事故应急救援体系将事故救援预案分成5个级别：

（1）Ⅰ级（企业级）：事故的有害影响局限于某个生产经营单位的厂界内，并且可被现场的操作者遇到和控制在该区域内。这类事故可能需要投入整个单位的力量来控制，但其影响预期不会扩大到社区（公共区）。

（2）Ⅱ级（县、市级）：所涉及的事故其影响可扩大到公共区，但可被该县（市、区）的力量，加上所涉及的生产经营单位的力量所控制。

（3）Ⅲ级（市、地级）：事故影响范围大，后果严重，或是发生在两个县或县级市管辖区边界上的事故。应急救援须动用地区力量。

（4）Ⅳ级（省级）：对可能发生的特大火灾、爆炸、毒物泄漏事故，特大矿山事故以及属省级特大事故隐患、重大危险源的设施或场所，应建立省级事故应急预案。它可能是一种规模较大的灾难事故，或是一种需要用事故发生的城市或地区所没有的特殊技术和设备进行处理的特殊事故。这类意外事故须用全省范围内的力量来控制。

（5）Ⅴ级（国家级）：对事故后果超过省、直辖市、自治区边界以及列为国家级事故隐患、重大危险源的设施或场所，应制订国家级应急预案。

3.2.3.3　事故救援预案的实施

事故发生时，应迅速辨别事故的类别、危害的程度，适时启动相应的应急救援预案，按照预案进行应急救援。实施时不能轻易变更预案，如有预案未考虑到的情况，应冷静分析、果断处理。一般应当立即组织抢救受害人员。抢救受害人员是应急救援的首要任务，在应急救援行动中，快速、有序、有效地实施现场急救与安全转送伤员，是降低伤亡率、减少事故损失的关键；指导群众防护，组织群众撤离。由于重大事故发生突然、扩散迅速、涉及范围广、危害大，应及时指导和组织群众采取措施进行自身防护，并迅速撤离出危险区或可能受到危害的区域。在撤离过程中，应积极组织群众开展自救和互救工作；迅速控制危险源，并对事故造成的危害进行检验、监测，测定事故的危害区域、危害性质及危害程度。及时控制造成的危害是应急救援工作的首要任务，只有及时控制住危险源，防止事故的继续扩展，才能及时、有效地进行救援；做好现场隔离和清理，消除危害后果。针对事故对人体、动植物、土壤、水源、空气造成的现实危害和可能的危害，迅速采取封闭、隔离、清洗等措施。对事故外溢的有毒、有害物质和可能对人和环境继续造成危害的物质，应及时组织人员予以清除，消除危害后果，防止对人的继续危害和对环境的污染；按规定及时向有关部门汇报情况；保存有关记录及实物，为后续事故调查工作做准备；查清事故原因，评估危害程度。事故发生后应及时调查事故的发生原因和事故性质，评估出事故的危害范围和危险程度，查明人员伤亡情况，做好事故调查。

3.2.4　借鉴国外施工现场安全生产的良好经验，建立人性化和行之有效的施工安全生产配套措施

施工作业层由具体施工者组成，不同工种的工人在长期的施工中都会有好的经验的

积累，我国现阶段企业和项目决策层往往和施工作业层缺乏平等沟通，脱离实际，使得员工把安全生产措施当成了约束被动的遵守，而不是主动的践行。这就需要企业决策层和项目经理部加强对员工的尊重和信任，建立和员工的平等沟通，通过奖励措施调动员工的主观能动性，建立人性化和行之有效的施工安全生产配套措施。

图3-2为日本某建设工地土方工程施工现场，从图中可以看出，日本建设工地的人性化施工体现在方方面面、点点滴滴，例如进行土方工程施工时工人和施工管理者必须穿没有鞋带的高筒胶鞋，既能防止被鞋带绊倒，又能绝缘，而且土方开挖时常有地下水，可以起到防水作用。

图 3-2　日本某建设工地土方工程施工现场

3.2.5　注重安全文化与生态文化的有机结合

生态文化是一种新型的管理理论，它包括生态环境、生态伦理和生态道德，是人对解决人与自然关系问题的思想观点和心理的总和，体现出对自然环境的尊重。生态文化属于生态科学，主要研究人与自然的关系，体现的是生态精神。而企业文化，包括安全文化，则属于管理科学，体现的是人文精神，但是本质上二者是统一的，都是观念形态文化、心理文化，而且都以文化为引导手段，以持续发展为目标。

施工过程中注重生态文化的建设本身就是对员工作业环境、生产条件的改善，体现出对施工生产防灾减灾的重视，从图3-2中可以看出，日本建设工地在进行土方工程施工时，临时道路上都铺设着胶合板，既能防止扬尘，又能起到保护作用，防止员工行走时，如遇钉子可能被扎脚，这是一种对员工安全和健康的保护措施。以上工地是日本关东地区一个小城镇的中小型住宅楼建设工地，可以看出这种安全文化与生态文化有机结合的理念在日本的建设工地是非常普遍的。

3.3　安全文明施工技术

3.3.1　施工安全与施工文明

创建文明工地、推行文明施工和文明作业，不仅是管理性很强的工作，而且也是技术性很强的工作，同时，它还要求职工具有相应的安全文明生产素质作为其基础。因此，它包括了管理、技术和职工素质培养等三方面工作的建设与发展，而安全文明施工技术是它的重要内含和组织部分。

　　安全文明施工技术的任务是缔造施工生产的安全文明状态和规范施工生产作业的安全文明行为。施工生产的安全文明状态包括创造安全文明施工场所和采用安全文明施工的工艺与技术两个大的方面，而施工生产的安全文明行为即指进行安全文明作业和操作。

3.3.2　创建安全文明施工场所的基本要求

　　创建安全文明场所的 8 个方面包括施工总平面布置、三通一平和排水（污）、作业区域条理化和防护、材料设备工具的存放保管、施工动力和照明用电、消防、安全重点区域和重点项目的制定以及危险区域的分隔和安全警示，其基本要求（规定）分别归纳后列于表 3-4~表 3-7 中。

表 3-4　施工总平面布置的基本要求

序号	项目	基 本 要 求
1	区域划分	按功能划分施工作业区、辅助作业区、材料堆放区、施工管理和生活区等
2	区域交叉的保护	对有安全问题存在的区域交叉部分采取保护措施
3	塔吊设置	满足作业覆盖要求和臂杆回转区域内的安全要求
4	外域围护	工地周边设置与外界隔离的围挡； 临街或在人口稠密区，宜砌围墙，脚手架外侧面全封闭围护
5	三通一平和排水（污）	见表 3-5
6	材料堆放场地和库房	见表 3-6
7	工地临时用电设施	见表 3-7
8	标牌、标志设施	企业标志、工程标牌、安全标志齐全
9	消防设施	

表 3-5　三通一平和排水（污）、控尘、控废的基本要求

序号	项目	基 本 要 求
1	场平	平整施工场地，清除障碍物，无坑洼
2	道路通	车行道、人行道坚实平整，有良好视野，雨季不存水，出入口之间通畅，必要处设置交通标志；轨道（塔吊等）与人行道交叉处采用平接措施；有火车轨道进入施工区域时，在道口设置落杆、标志和信号灯；道路不得任意挖掘截断，需要挖断时，应在沟面架设安全桥板

续表 3-5

序号	项目	基 本 要 求
3	电通、水通	工地供电线路架通及供电设施应符合规范要求及规程要求
4	排水、排污	具有良好的排水系统，设污水沉淀池，妥善处理污水，未经处理的污水不得直接排入城市下水道和河流
5	控尘、控废	控制工地的粉尘、废气、废水和固体废弃物，清理高处废弃物宜使用密封式筒道或其他防止扬尘的方式，定期清理废弃物，禁止将含有废弃物和有毒物质的垃圾土作回填土使用

表 3-6　作业区域的条理化和防（围）护的基本要求

序号	项目	基 本 要 求
1	作业区域的条理化	有满足要求的操作场地或作业面，清除影响作业的障碍物，妥善处置有危险性的突出物，材料整齐堆放，有良好的安全通道
2	拆除物品的清理	拆下来的模板、支撑架、脚手架等材料物品以及施工余料、废料、垃圾应及时清运出去，木料上的钉子应及时拔掉或拍倒（以防发生钉子扎脚）
3	有危险作业区域的防（围）护	凡有可能发生块体或物品掉落、弹出、飞溅以及其他伤害物的区域均应设置安全防（围）护措施，以保护现场其他人员的安全

表 3-7　材料、设备、工具存放保管的基本要求

序号	项目	基 本 要 求
1	材料、物品的码垛堆放	按规定平整场地，设置支垫物；按平面布置图划定的地点分类堆放整齐稳固且不超过规定高度；料堆应离开场地围挡或临时建筑墙体至少 500mm，并将两头进口封堵，严禁紧贴围挡或临时建筑墙体堆料
2	材料、物品的支架堆放	易滚（滑）和重心较高的材料物品应设置支架堆放。其支架应稳定可靠。必要时应进行设计，严格按设计要求设置

序号	项目	基 本 要 求
3	爆炸物品的存放	工地一般不得过夜存放爆炸物；临时存放少量炸药、雷管、引火线的小仓库应符合防爆、防雷、防潮和防火的要求，且应通风良好和采用防爆型照明灯；库内存放炸药量不得超过一天的用量，炸药和雷管应分库存放；库房内严禁吸烟和带入火种，库房管理和进库员不得穿钉鞋入库
4	易燃和有毒物品的存放	油漆、稀释剂等易燃品和其他对职工健康有害的物品应分类存放在通风良好、严禁烟火并有消防用品的专用仓库内；沥青应放置在干燥通风、不受阳光直射的场所

3.3.3　安全文明施工管理

3.3.3.1　现场文明施工的基本要求

（1）施工现场必须设置明显的标牌，标明工程项目名称、建设单位、设计单位、施工单位、项目经理和施工现场总代表人的姓名、开工日期、竣工日期、施工许可证批准文号等。施工单位负责施工现场标牌的保护工作。图 3-3 为北京市某危改小区的施工现场标牌。

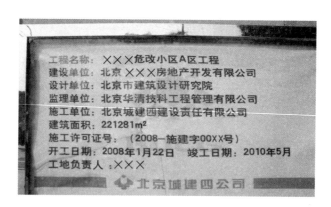

图 3-3　北京市某危改小区的施工现场标牌

（2）施工现场的管理人员在施工现场应当佩戴证明其身份的证卡。

（3）应当按照施工总平面布置图设置各项临时设施。现场堆放的大宗材料、成品、半成品和机具设备不得侵占场内道路及安全防护等设施。

（4）施工现场用电线路、用电设施的安装和使用必须符合安装规范和安全操作规程，并按照施工组织设计进行架设，严禁任意拉线接电。施工现场必须设有保证施工安全要求的夜间照明；危险潮湿场所的照明以及手持照明灯具，必须采用符合安全要求的电压。

（5）施工机械应当按照施工总平面布置图规定的位置和线路设置，不得任意侵占场内道路。施工机械进场须经过安全检查，经检查合格的方能使用。施工机械操作人员必须建立机组责任制，并依照有关规定持证上岗，禁止无证人员操作。

（6）应保证施工现场道路畅通，排水系统处于良好的使用状态；保持场容场貌的整洁，随时清理建筑垃圾。在车辆、行人通行的地方施工，应当设置施工标志，并对沟井坑穴进行覆盖。

（7）施工现场的各种安全设施和劳动保护器具，必须定期进行检查和维护，及时消除隐患，保证其安全有效。

（8）施工现场应当设置各类必要的职工生活设施，并符合卫生、通风、照明等要求。职工的膳食、饮水供应等应当符合卫生要求。

（9）应当做好施工现场安全保卫工作，采取必要的防盗措施，在现场周边设立围护设施。

（10）应当严格依照《中华人民共和国消防条例》的规定，在施工现场建立和执行防火管理制度，设置符合消防要求的消防设施，并保持完好的备用状态。在容易发生火灾的地区施工，或者储存、使用易燃易爆器材时，应当采取特殊的消防安全措施。

（11）施工现场发生工程建设重大事故的处理，依照《工程建设重大事故报告和调查程序规定》执行。

3.3.3.2 防治大气污染

（1）施工现场宜采取硬化措施，其中主要道路、料场、生活办公区域必须进行硬化处理，土方应集中堆放。裸露的场地和集中堆放的土方应采取覆盖、固化或绿化等措施。

（2）使用密目式安全网对在建建筑物、构筑物进行封闭，防止施工过程扬尘；拆除旧有建筑物时，应采用隔离、洒水等措施防止扬尘，并应在规定期限内将废弃物清理完毕；不得在施工现场熔融沥青，严禁在施工现场焚烧含有有毒、有害化学成分的装饰废料、油毡、油漆、垃圾等各类废弃物。

（3）从事土方、渣土和施工垃圾运输应采用密闭式运输车辆或采取覆盖措施。

（4）施工现场出入口处应采取保证车辆清洁的措施。

（5）施工现场应根据风力和大气湿度的具体情况，进行土方回填、转运作业。

（6）水泥和其他易飞扬的细颗粒建筑材料应密闭存放，沙石等散料应采取覆盖措施。

（7）施工现场混凝土搅拌场所应采取封闭、降尘措施。

（8）建筑物内施工垃圾的清运，应采用专用封闭式容器吊运或传送，严禁凌空抛撒。

（9）施工现场应设置密闭式垃圾站，施工垃圾、生活垃圾应分类存放，并及时清运出场。

（10）城区、旅游景点、疗养区、重点文物保护地及人口密集区的施工现场应使用清洁能源。

（11）施工现场的机械设备、车辆的尾气排放应符合国家环保排放标准要求。

3.3.3.3 防治水污染

（1）施工现场应设置排水沟及沉淀池，现场废水不得直接排入市政污水管网和河流。

（2）现场存放的油料、化学溶剂等应设有专门的库房，地面应进行防渗漏处理。

（3）食堂应设置隔油池，并应及时清理。

（4）厕所的化粪池应进行抗渗处理。

（5）食堂、盥洗室、淋浴间的下水管线应设置隔离网，并应与市政污水管线连接，保证排水通畅。

3.3.3.4　防治施工噪声污染

（1）施工现场应按照国家标准《建筑施工场界环境噪声排放标准》（GB 12523—2011）及《建筑施工场界噪声测量方法》（GB 12524—1990）制定降噪措施，并应对施工现场的噪声值进行监测和记录。

（2）施工现场的强噪声设备宜设置在远离居民区的一侧。

（3）控制强噪声作业的时间：凡在人口稠密区进行强噪声作业时，须严格控制作业时间，一般晚22点到次日早6点之间停止强噪声作业。确系特殊情况必须昼夜施工时，尽量采取降低噪声措施，并会同建设单位与当地居委会、村委会或当地居民协调，张贴安民告示，求得群众谅解。

（4）夜间运输材料的车辆进入施工现场，严禁鸣笛，装卸材料应做到轻拿轻放。

（5）对产生噪声和振动的施工机械、机具的使用，应当采取消声、吸声、隔声等有效措施控制和降低噪声。

3.3.3.5　防治施工照明污染

（1）根据施工现场情况照明强度要求选用合理的灯具。"越亮越好"并不科学，应减少不必要的浪费。

（2）建筑工程尽量多采用高品质、遮光性能好的荧光灯。其工作频率在20kHz以上，使荧光灯的闪烁度大幅度下降，改善了视觉环境，有利于人体健康。少采用黑光灯、激光灯、探照灯、空中玫瑰灯等不利光源。

（3）施工现场应采取遮蔽措施，限制电焊眩光、夜间施工照明光、具有强反光性建筑材料的反射光等污染光源外泄，使夜间照明只照射施工区域而不影响周围居民休息。

（4）施工现场大型照明灯应采用俯视角度，不应将直射光线射入空中。利用挡光、遮光板或利用减光方法将投光灯产生的溢散光和干扰光降到最低的限度。

（5）加强个人防护措施，对紫外线和红外线等看不见的辐射源，必须采取必要的防护措施，如电焊工要佩戴防护镜和防护面罩。防护镜有反射型防护镜、吸收型防护镜、反射-吸收型防护镜、光电型防护镜、变色微晶玻璃型防护镜等，可依据防护对象选择相应的防护镜。例如，可佩戴黄绿色镜片的防护眼镜来预防雪盲和防护电焊发出的紫外光；绿色玻璃既可防护UV（气体放电），又可防护可见光和红外线，而蓝色玻璃对UV的防护效果较差，所以在紫外线的防护中要考虑到防护镜的颜色对防护效果的影响。

（6）对有红外线和紫外线污染及应用激光的场所制定相应的卫生标准并采取必要的安全防护措施，注意张贴警告标志，禁止无关人员进入禁区内。

3.3.3.6　防治施工固体废弃物污染

施工车辆运输沙石、土方、渣上和建筑垃圾，采取密封、覆盖措施，避免泄漏、遗撒，并在指定地点倾卸，防止固体废弃物污染环境。

3.4 安全事故案例分析

3.4.1 案例一：沪东"7·17"起重机倒塌特大事故

2001年7月17日上午8时许，在沪东中华造船（集团）有限公司船坞工地，由上海某建筑工程公司等单位承担安装的600t×170m龙门起重机在吊装主梁过程中发生倒塌事故，造成36人死亡，3人受伤，直接经济损失8000多万元。倒塌现场见图3-4。

图3-4 沪东"7·17"龙门起重机倒塌现场

3.4.1.1 600t×170m龙门起重机建设项目基本情况

A 龙门起重机主要参数及主梁提升方法

600t×170m龙门起重机结构主要由主梁、刚性腿、柔性腿和行走机构等组成。该机的主要尺寸为轨距170m，主梁底面至轨面的高度为77m，主梁高度为10.5m。主梁总长度186m，含上、下小车后重约3050t。

这座龙门起重机由上海沪东造船厂制造，上海电力建筑公司负责安装，其中上海机器人中心负责主梁提升，采用同济大学的计算机控制液压千斤顶同步提升的工艺技术进行整体提升安装。上海机器人中心是同济大学和上海科委合作科研单位。

B 施工合同单位有关情况

2000年9月，沪东造船厂（甲方）与作为承接方的上海某建筑工程公司（乙方）、上海建设某工程技术研究中心（丙方）、上海某科技发展有限公司（丁方）签订600t×170m龙门起重机结构吊装合同书。合同中规定，甲方负责提供设计图纸及参数、现场地形资料、当地气象资料。乙方负责吊装、安全、技术、质量等工作；配备和安装起重吊装所需的设备、工具（液压提升设备除外）；指挥、操作、实施起重机吊装全过程中的起重、装配、焊接等工作。丙方负责液压提升设备的配备、布置；操作、实施液压提升工作（注：液压同步提升技术是丙方的专利）。丁方负责与甲方协调，为乙方、丙方的施工提供便利条件等。

2001 年 4 月，负责吊装的上海某建筑工程公司通过一个叫陈某某的包工头与上海大力神建筑工程有限公司（以下简称大力神公司）以包清工的承包方式签订劳务合同。该合同虽然以大力神公司名义签约，但实际上此项业务由陈某某承包，陈招用了 25 名现场操作工人参加吊装工程。

3.4.1.2　起重机吊装过程及事故发生经过

A　起重机吊装过程

2001 年 4 月 19 日，上海某建筑工程公司及大力神公司施工人员进入沪东厂开始进行龙门起重机结构吊装工程，至 6 月 16 日完成了刚性腿整体吊装竖立工作。

2001 年 7 月 12 日，上海建设某工程技术研究中心进行主梁预提升，通过 60%～100% 负荷分步加载测试后，确认主梁质量良好，塔架应力小于允许应力。

2001 年 7 月 13 日，上海建设某工程技术研究中心将主梁提升离开地面，然后分阶段逐步提升，至 7 月 16 日 19 时，主梁被提升至 47.6m 高度。因此时主梁上小车与刚性腿内侧缆风绳相碰，阻碍了提升。上海某建筑工程公司施工现场指挥张某某考虑天色已晚，决定停止作业，并给起重班长陈某某留下书面工作安排，明确 17 日早上放松刚性腿内侧缆风绳，为上海建设某工程技术研究中心 8 点正式提升主梁做好准备。

B　事故发生经过

2001 年 7 月 17 日早 7 时，施工人员按张某某的布置，通过陆侧（远离黄浦江一侧）和江侧（靠近黄浦江一侧）卷扬机先后调整刚性腿的两对内、外两侧缆风绳，现场测量员通过经纬仪监测刚性腿顶部的基准靶标志，并通过对讲机指挥两侧卷扬机操作工进行放缆作业（据陈述，调整时控制靶位标志内外允许摆动 20mm）。放缆时，先放松陆侧内缆风绳，当刚性腿出现外偏时，通过调松陆侧外缆风绳减小外侧拉力进行修偏，直至恢复至原状态。通过 10 余次放松及调整后，陆侧内缆风绳处于完全松弛状态。此后，又使用相同方法和相近的次数，将江侧内缆风绳放松调整为完全松弛状态，约 7 时 55 分，当地面人员正要通知上面工作人员推移江侧内缆风绳时，测量员发现基准标志逐渐外移，并逸出经纬仪观察范围，同时还有现场人员也发现刚性腿不断地在向外侧倾斜，直到刚性腿倾覆，主梁被拉动横向平移并坠落，另一端的塔架也随之倾倒。

C　人员伤亡和经济损失情况

事故造成 36 人死亡，2 人重伤，1 人轻伤。死亡人员中，上海某建筑工程公司 4 人，上海建设某工程技术研究中心 9 人（其中有副教授 1 人，博士后 2 人，在职博士 1 人），沪东厂 23 人。

事故造成经济损失约 1 亿元，其中直接经济损失 8000 多万元。

3.4.1.3　事故原因分析

A　刚性腿在缆风绳调整过程中受力失衡是事故的直接原因

事故调查组在听取工程情况介绍、现场勘查、查阅有关各方提供的技术文件和图纸、收集有关物证和陈述笔录的基础上，对事故原因作了认真的排查和分析。在逐一排除了自制塔架首先失稳、支承刚性腿的轨道基础沉陷移位、刚性腿结构本体失稳破坏、刚性腿缆风绳超载断裂或地锚拔起、荷载状态下的提升承重装置突然破坏断裂及不可抗力（地震、飓风等）的影响等可能引起事故的多种其他原因后，重点对刚性腿在缆风绳调整过程中受力失衡问题进行了深入分析，经过有关专家对于吊装主梁过程中刚性腿处的力学机理分析及受力计算，提出了《沪东"7·17"特大事故技术原因调查报告》，认定造成这起事故的直接原因是：在吊装主梁过程中，由于违规指挥、操作，在未采取任何安全保障措施情况下，放松了内侧缆风绳，致使刚性腿向外侧倾倒，并依次拉动主梁、塔架向同一侧倾坠、垮塌。

B 施工作业中违规指挥是事故的主要原因

上海某建筑工程公司第三分公司施工现场指挥张某某在发生主梁上小车碰到缆风绳需要更改施工方案时，违反吊装工程方案中关于"在施工过程中，任何人不得随意改变施工方案的作业要求。如有特殊情况进行调整必须通过一定的程序以保证整个施工过程安全"的规定，未按程序编制修改书面作业指令和逐级报批，在未采取任何安全保障措施的情况下，下令放松刚性腿内侧的两根缆风绳，导致事故发生。

C 吊装工程方案不完善、审批把关不严是事故的重要原因

由上海某建筑工程公司第三分公司编制、上海某建筑工程公司批复的吊装工程方案中提供的施工阶段结构倾覆稳定验算资料不规范、不齐全；对沪东厂 600t 龙门起重机刚性腿的设计特点，特别是刚性腿顶部外倾 710mm 后的结构稳定性没有予以充分的重视；对主梁提升到 47.6m 时，主梁上小车碰刚性腿内侧缆风绳这一可以预见的问题未予考虑，对此情况下如何保持刚性腿稳定这一关键施工过程更无定量的控制要求和操作要领。

吊装工程方案及作业指导书编制后，虽经规定程序进行了审核和批准，但有关人员及单位均未发现存在的上述问题，使得吊装工程方案和作业指导书在重要环节上失去了指导作用。

D 施工现场缺乏统一严格的管理、安全措施不落实是事故伤亡扩大的原因

（1）施工现场组织协调不力。在吊装工程中，施工现场甲、乙、丙三方立体交叉作业，但没有及时形成统一、有效的组织协调机构对现场进行严格管理。在主梁提升前7月10日仓促成立的"600t 龙门起重机提升组织体系"由于机构职责不明、分工不清，并没有起到施工现场总体的调度及协调作用，致使施工各方不能相互有效沟通。乙方在决定更改施工方案、决定放松缆风绳后，未正式告知现场施工各方采取相应的安全措施，甲方也未明确将7月17日的作业具体情况告知乙方，导致沪东厂23名在刚性腿内作业的职工死亡。

（2）安全措施不具体、不落实。6月28日由工程各方参加的"确保主梁、柔性腿吊装安全"专题安全工作会议上，在制定有关安全措施时没有针对吊装施工的具体情况由各方进行充分研究并提出全面、系统的安全措施，有关安全要求中既没有对各单位在现场必要人员作出明确规定，也没有关于现场人员如何进行统一协调管理的条款。施工各方均

未制定相应程序及指定具体人员对会上提出的有关规定进行具体落实。例如，为吊装工程制定的工作牌制度就基本没有落实。

综上所述，沪东"7·17"特大事故是一起由于吊装施工方案不完善，吊装过程中违规指挥、操作，并缺乏统一严格的现场管理而导致的重大责任事故。

3.4.1.4　事故的经验和教训

总结事故的经验和教训如下：

（1）工程施工必须坚持科学的态度，严格按照规章制度办事，坚决杜绝有章不循、违章指挥、凭经验办事和侥幸心理。

（2）必须落实建设项目各方的安全责任，强化建设工程中外来施工队伍和劳动力的管理。

（3）要重视和规范高等院校参加工程施工时的安全管理，使产、学、研相结合走上健康发展的轨道。

3.4.2　案例二：黑龙江省双鸭山市4·12塔吊倒塌事故

3.4.2.1　事故简介

2007年4月12日，黑龙江省双鸭山市兴盛家园工程施工现场发生一起塔式起重机倒塌事故，造成3人死亡、2人重伤，直接经济损失134万元。

该工程为4栋高层建筑，总建筑面积5.68万平方米。发生事故的1号楼位于该工程项目南侧，事故发生时，该楼已施工至5层平台。当日10时左右，塔吊正在吊运试块用混凝土，料斗及混凝土总重509t。塔身第1标准节西南角主弦杆突然断裂，塔吊上部倒下，部分塔身、司机室及配重砸到该楼5层平台上，3名正在进行楼板混凝土浇筑的施工人员被压在机身下，1人被倒下的塔身刮伤，塔吊司机受重伤。

黑龙江省双鸭山市4·12塔吊倒塌现场见图3-5。

图3-5　黑龙江省双鸭山市4·12塔吊倒塌现场

3.4.2.2　事故原因分析

A　直接原因

塔吊安全保护装置起重力矩限位器、起升电机热敏开关被人为短接失效，使塔吊司机无法掌握所吊荷载大小而盲目操作，数次或多次超载工作，致使塔身主肢超拉应力工作，引起初始裂纹，继而随着吊载次数累加，裂纹扩展，导致突然断裂引起倒塔。另外断裂处焊缝中存在焊接缺陷，对裂纹的形成和扩展起到了促进作用。

B　间接原因

（1）该型号塔吊在标准节设计中，制造厂家在主弦杆角钢内侧与螺栓套管内焊缝相应部位加了一尺寸较小的角钢，使螺栓套管内焊缝焊趾处应力集中变得严重，加速了纵裂纹形成。

（2）该型号塔吊变幅机构最大变幅速度达到 44m/min，未设置强迫换速装置，在小车向外运行、起重力矩达到额定值的 80% 时，无法自动转换为低速运行，增大了动载荷，违反了《塔式起重机安全规程》有关规定。

（3）特种设备制造监督检验检测机构在接到制造厂家批量检验申请后，对该台设备未进行检验检测就颁发了《起重机械安全技术监督检验合格证书》。该台设备制造装机后，检验检测机构进行了补检，但未对配电部分、安全装置进行检测，也未发现该产品标准节焊缝中存在的焊接缺陷。造成了存在严重安全隐患的产品进入市场。

（4）安装单位在安装过程中，未在厂家技术人员指导下进行调试，未进行安装结束后的自检验收工作，即将设备交付施工单位。

（5）使用单位在塔式起重机操作前，未按《塔式起重机操作使用规程》中有关规定进行检查，违章操作，长期使用不具备安全生产条件的设备。特种设备维修工未经建设行政部门考核合格，取得特种作业人员资格证书即从事维修保养工作，日常安全检查不到位。

（6）特种设备验收检验检测机构在进行验收检验检测过程中，检验人员工作失职，检验项目中"9.3 力矩限位器、9.5 强迫换速、9.7 回转限制器"结论失实，所验收设备不具备使用条件。

（7）制造厂家质量保证体系中技术负责人的职称为助理工程师，不符合国家关于《机电类特种设备制造许可规则》中第二章第八条"技术负责人应掌握与取证产品相关的法律、法规、规章、安全技术规程和标准，具有国家承认的电气或机械专业工程师以上技术职称"的规定，该质量保证体系对产品制造无法提供质量保证。

（8）安全监理工程师监理过程中未严格依法实施监理，对施工单位违反《塔式起重机操作使用规程》作业现象监督不到位，未能及时发现该工地存在的安全事故隐患。

3.4.2.3　事故经验和教训

（1）制造厂片面追求利益最大化，管理松散，安全责任不落实。任用不具备资格的人员作为主要技术负责人，无法保证设计、制造、质量符合要求。售后服务不认真，未能认真履行合同，没有制约措施，反馈不及时，责任制不落实，安全管理上存在漏洞。

（2）检验检测机构不认真执行检验、审核、审批程序，不认真履行职责，把关不严，不按照《起重机械监督检验规程》操作，导致不合格产品流入市场。

（3）特种设备的安装过程管理不善，未按《建设工程安全生产管理条例》的要求进行自检验收，将安装不合格的设备交付施工单位。

（4）施工单位安全主体责任不落实，未真正树立安全第一的思想，未摆正经济效益与安全生产的关系，未建立特种设备使用、管理制度，未及时发现事故隐患，违章作业现象得不到有效制止，存在违章指挥现象，长期使用不具备安全条件的设备。

4 生产实习的施工现场组织结构形式

【本章学习知识点】 土木工程专业学生生产实习往往是在施工现场项目经理部进行的，因此有必要了解和熟悉施工项目经理部的组织结构、运作方式和项目经理的职责和权力等。建设工程项目经理部是根据项目管理目标，通过科学设计而建立的组织实体。该机构是由一定领导体制、部门设置、层次划分、职责分工、规章制度和信息系统等构成的有机整体。以一个合理有效的组织结构为框架所形成的权力系统、责任系统、利益系统、信息系统，是实施工程项目管理及实现最终目标的组织保证。

4.1 施工项目管理组织机构形式

选择何种施工项目管理组织形式，是施工企业根据自身的综合素质、管理水平、基础条件，以及施工项目的规模、性质、外部环境、承包模式等确定的。常见的施工项目组织形式如下。

4.1.1 常见的施工项目管理组织机构形式

4.1.1.1 直线式

直线式是一种最简单的组合机构形式，也叫做"军队式组织"。特点是：组织上中下呈直线的权责关系，组织中每个人只接受一个直接上级的领导。其机构如图4-1所示。

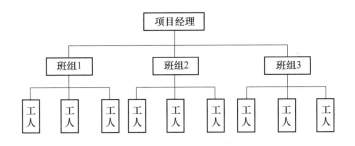

图 4-1 直线式组织机构示意图

直线式组织机构的主要优点是结构简单、权责分明、隶属关系明确、联系简捷、命令统一、反应迅速、工作效率高。缺点是由于项目经理没有参谋和助手，要求其知识面广、能力高，通晓各种业务，是"全能式"人才，此外由于不设职能部门，无法实现管理工作的专业化，横向联系差，不利于管理水平的提高。

4.1.1.2　职能式

职能式是在项目管理机构内设立职能部门，作为项目经理的参谋机构，各职能部门负责一定的工程项目管理任务并具有相应的权力，在其职能范围内有权直接向下级发出指令。职能式项目管理组织机构如图4-2所示。

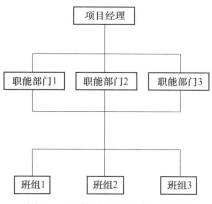

图 4-2　职能式组织机构示意图

这种组织形式由于实行了项目管理的职能分工，可以减轻项目总负责人的负担，有利于提高工作效率。但是对于下级来说，由于命令源不唯一，易形成多头领导，可能有矛盾的指令。该组织形式适用于大、中型建设工程项目。

4.1.1.3　直线职能式

直线职能式组织机构是以直线式为基础，在各级行政领导下设置相应的职能部门，即在直线式组织统一指挥的原则下，增加了参谋机构，见图4-3。直线职能式组织结构模式与直线式组织结构模式相比，其最大的区别在于更为注重职能部门（参谋人员）在管理中的作用。直线职能式组织结构模式既保留了直线式组织结构模式的集权特征，同时又吸收了职能式组织结构模式的职能部门化的优点。直线职能式组织结构模式适合于复杂但相对来说比较稳定的项目组织管理，尤其是较大、中等规模的项目组织。目前，直线职能式仍被我国大多数的施工企业采用。

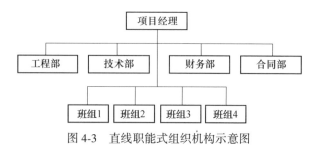

图 4-3　直线职能式组织机构示意图

4.1.1.4　矩阵式

矩阵式项目管理组织如图4-4所示。

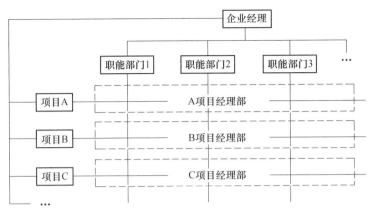

图 4-4 矩阵式项目管理组织

A 特征

(1) 项目组织机构的职能部门和企业的职能部门相对应，多个项目与企业职能部门结合成矩阵形状的组织机构。

(2) 职能原则与对象原则相结合，既发挥项目组织的横向优势，又发挥职能部门的纵向优势。

(3) 企业职能部门是永久性的，项目管理组织机构是临时的。职能部门负责人对参与项目管理班子的成员有调动、考察和业务指导的责任；项目经理则将参与项目组织的人员有效地组织起来，进行项目管理的各项工作。

(4) 项目管理班子成员接受企业原职能部门负责人和项目经理的双重领导。职能部门侧重业务领导，项目经理侧重行政领导。项目经理对参与项目组织的成员有使用、奖惩、增补、调换或辞退的权力。

B 适用范围

矩阵式施工项目管理组织形式适用于同时承担多个项目工程的企业。在这种情况下，各项目对专业技术人才和管理人员都有需求，加在一起数量较大，采用矩阵式组织形式可以充分利用有限的人力资源同时对多个项目进行管理，特别有利于发挥稀有人才的作用，适用于大型、复杂的施工项目。因大型复杂的施工项目要求多部门、多技术、多工种配合实施，在不同阶段，对不同人员，有不同数量和搭配各异的需求，显然部门控制式（以专业部门或施工队作为项目管理组织机构）和工作队式组织均不能满足项目的这种要求。

C 优缺点

该组织形式解决了传统模式中企业组织与项目组织的相互矛盾，它既有利于人才的全面培养，又有利于人力资源的充分利用。其缺点主要表现在人员来自各职能部门，既受项目经理领导，又受原部门领导，这种双重领导若意见不一致时，易产生矛盾，使当事人无所适从。

矩阵式组织对企业管理水平、项目管理水平、领导者的素质、组织机构的办事效率、信息沟通渠道的畅通等，均有较高的要求。在组织协调内部关系时，必须要有强有力的组织措施和协调办法。

D　实际案例

某钢厂是一个新建的短流程中型钢厂，采用当时世界上最新的大型超高功率电弧炉炼钢、薄板坯连铸连轧工艺，工程占地 130 万平方米，是某市重点建设项目。

钢厂首期投资约 100 亿元人民币，主要建设内容为 150t 超高功率交流电炉一座、150t 钢包精炼炉一座、薄板坯连铸连轧机组一套、可逆式冷轧机及其相关机组一套。钢厂首期工程招标分炼钢厂和铸轧厂两个主体系统，工程承包方式为根据招标文件中所列工程量清单的综合项各子项进行合家包干。土建、安装总造价约 60 亿元人民币，首期工程大致工期为三年。共有三家大型国有施工企业参加了首期工程的招投标。

经过激烈的投标竞争，总部位于武汉的某冶金部大型国有施工企业中标了该工程的炼钢厂主体系统。该施工企业采取了矩阵式的管理模式组建钢厂项目经理部，组织机构如图 4-5 所示。

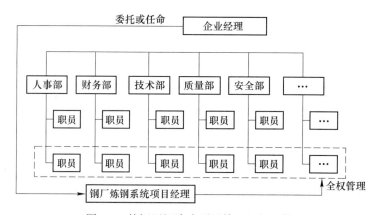

图 4-5　某钢厂矩阵式项目管理组织机构

从图中可以看出：

（1）钢厂炼钢系统项目经理由施工企业总经理委托或任命，项目经理在企业内部招聘或抽调职能部门人员组成施工项目管理机构（项目经理部为图中虚线框部门），由项目经理全权管理，具有较强的独立性。

（2）项目管理班子成员与原所在部门脱钩。原部门负责人仅负责对被抽调人员的业务指导，但不能随意干预其工作或调回人员。

（3）项目管理机构与施工项目同寿命，项目结束后机构撤销，所有人员仍回原部门。

4.1.1.5　事业部式

事业部式项目管理组织机构如图 4-6 所示。其特征是：企业成立事业部，事业部在企业内部是职能部门，对外则享有相对独立的经营权，可以是一个独立的单位。事业部的设置一般是按地区、按工程类型或按经营内容等设置。

A　适用范围

事业部式项目管理组织适用于大型经营性企业的工程承包，特别是适用于远离公司本部的工程承包。但如果一个地区只有一个项目，没有后续工程时不宜设立地区事业部，也就是它适用于在一个地区有长期市场或一个企业有多种专业化施工力量时采用。

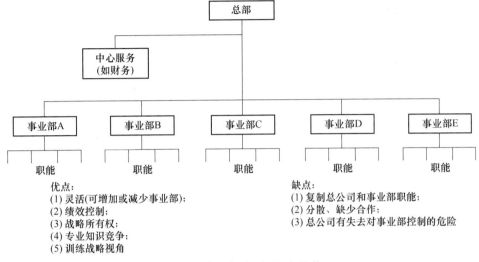

图 4-6 事业部式项目组织机构

B 优缺点

如图 4-6 所示，该种组织形式的优点是能较迅速地适应环境变化，提高企业的应变能力，既可以加强经营战略的管理，又可以加强项目的管理；有利于延伸企业的经营职能，扩大企业的经营业务，便于企业开拓新的业务领域。缺点是企业对项目部的约束力减弱，有时会造成企业结构的松散。因此企业必须加强制度约束，强化企业的综合协调能力。

4.1.2 施工项目经理部

施工项目经理部是在项目经理领导下建立的项目管理组织机构，是由企业授权，并代表企业履行工程承包合同，进行项目管理的工作班子。其职能是对施工项目实施阶段进行综合管理。

4.1.2.1 施工项目经理部的地位

（1）施工项目经理部是企业在某一工程项目上的一次性管理组织机构，由企业委任的施工项目经理来领导。

（2）施工项目经理部对施工项目从开工到竣工的全过程实施管理，对作业层具有管理和服务的双重职能，其工作质量好坏将对作业层的工作质量有重大影响。

（3）施工项目经理部是代表企业履行工程承包合同的主体，是对最终建筑产品和建设单位全面负责、全过程负责的管理实体。

（4）施工项目经理部是一个管理组织体，要完成项目管理任务和专业管理任务；凝聚管理人员的力量，调动其积极性，促进合作；协调部门之间、管理人员之间的关系，发挥每个人的岗位作用，为共同目标进行工作；贯彻组织责任制，搞好管理；及时沟通部门之间，项目经理部与作业层之间、与公司之间、与外部环境之间的信息。

4.1.2.2   施工项目经理部的设立

施工项目经理部根据项目管理规划大纲确定的项目组织形式组建，设立的一般步骤为：确定项目经理部管理任务和组织形式→确定项目经理部的层次、职能部门和工作岗位→确定人员、职责、权限→对项目管理目标责任书确定的目标进行分解→制定规章制度和目标责任考核与奖惩制度。

A   施工项目经理部的规模

施工项目经理部的规模无具体规定，一般按项目的性质和规模设置。通常当工程的规模达到以下要求时，均要建立单独的项目经理部：建筑面积 $5000m^2$ 以上的公共建筑、工业建筑；住宅建设小区 1 万平方米以上；其他工程投资在 500 万元以上。有些单位把项目经理部分为三个等级：

（1）一级施工项目经理部：建筑面积为 15 万平方米以上的群体工程；建筑面积为 10 万平方米以上的单体工程；投资在 8000 万元以上的各类施工项目。

（2）二级施工项目经理部：建筑面积在 10 万~15 万平方米的群体工程；建筑面积在 5 万~10 万平方米的单体工程；投资在 3000 万~8000 万元的各类施工项目。

（3）三级施工项目经理部：建筑面积在 2 万~10 万平方米的群体工程；建筑面积在 1 万~5 万平方米的单体工程；投资在 500 万~3000 万元的各类施工项目。

建筑面积在 1 万平方米以下的群体工程、建筑面积在 $5000m^2$ 以下的单体工程，按照项目经理责任制的有关规定，可实行项目授权代管和栋号承包。以栋号长为负责人，直接与代管项目经理签订"栋号管理目标责任书"。

B   部门设置和人员配备

施工项目是市场竞争的核心、企业管理的重心、成本管理的中心。为此，施工项目经理部应优化设置部门、配备人员，全部岗位职责能覆盖项目施工的全方位、全过程；人员应素质高、一专多能、有流动性。不同等级的施工项目经理部部门设置和人员配备，可参考表 4-1。

表 4-1   施工项目经理部的部门设置和人员配备参考

施工项目经理部等级	人数	项目领导	职能部门	主 要 工 作
一级 二级 三级	30~45 20~30 15~20	项目经理 总工程师 总经济师 总会计师	经营核算	预算、资金收支、成本核算、合同、索赔、劳动分配等
			工程技术	生产调度、施工组织设计、进度控制、技术管理、劳动力配置计划、统计等
			物资设备	材料工具询价、采购、计划供应、运输、保管、物资储备管理、机械设备租赁及配套使用等
			监控管理	施工质量、安全管理、消防、保卫、文明施工、环境保护等
			测试计量	计量、测量、试验等

对于大型项目，其施工项目经理部的人员配置应满足两点：一是项目经理必须有一级建造师资质；二是管理人员中的高级职称人员不应低于10%。

C 项目经理部的组织层次

施工项目经理部的组织层次可分为决策层、监督管理层、业务实施层三个层次。

（1）决策层。项目经理部的决策层即以项目经理为首的，有项目副经理、三总师参加的项目管理领导班子。施工项目在实施过程中的一切决策行为都集中于决策层，其中项目经理是领导核心。

（2）监督管理层。监督管理层是指在项目经理领导下的各个职能部门负责人（如技术、经营、安全保障等）。监督管理层是施工项目具体实施的直接指挥者，并对劳务作业层按劳务分包合同进行管理和监督。

（3）业务实施层。项目经理部中的业务实施层即为在项目经理部中由各个职能部门负责人所直接指挥的部门专业人员，是项目的底层管理者。

4.2 建设工程项目经理与建造师

4.2.1 项目经理概述

项目经理与职能部门主管虽然均是中层管理者，但他们所行使的管理职能是不同的。项目经理是业主或企业法定代表人在工程项目上的全权委托代理人，居于整个项目的核心地位，在工程项目管理中起着举足轻重的作用，是决定项目实施成败的关键角色。

4.2.2 项目经理的责权利

4.2.2.1 项目经理的责任

项目经理作为项目的负责人，其基本责任就是通过一系列的领导及管理活动，使项目的目标成功实现，并使项目相关者都能够满意。

项目经理对于所属上级组织的责任是：保证项目的目标符合上级组织目标；充分利用和保管上级分配给项目的资源；及时与上级就项目进展进行沟通。

项目经理对于所管项目的责任是：明确项目目标及约束；制定项目的各种活动计划；确定适合于项目的组织机构；招募项目组织成员，建设项目团队；获取项目所需资源；领导项目团队执行项目计划；跟踪项目进展并及时对项目进行控制；处理与项目相关者的各种关系；进行项目考评并完成项目报告。

4.2.2.2 施工项目经理的任务、权限和利益

A 任务与工作内容

（1）任务：施工项目经理的任务主要是保证施工项目按照规定的目标，高速、优质、低耗地全面完成；保证各生产要素在项目经理授权范围内最大限度地优化配置。

（2）工作内容：

1）代表企业实施施工项目管理，贯彻执行国家法律、法规、方针、政策和强制性标准，执行企业的管理制度，维护企业的合法权益。

2）签订和组织履行《项目管理目标责任书》，执行企业与业主签订的《项目承包合同》中由项目经理负责履行的各项条款。

3）严格财经制度，加强成本核算，积极组织工程款回收，按《项目管理目标责任书》处理项目经理部与国家、企业、分包单位及职工之间的利益分配。

4）组织编制项目管理实施规划，包括工程进度计划和技术方案，制订安全生产和保证质量措施并组织实施。

5）对进入现场的生产要素进行优化配置和动态管理，执行有关技术规范和标准，积极推广应用新技术、新工艺、新材料和项目管理软件集成系统。

6）建立质量管理体系和安全管理体系并组织实施；进行现场文明施工管理，预防和处理突发事件；确保工程质量、工期，实现安全、文明生产，努力提高经济效益。

7）在授权范围内负责与企业管理层、劳务作业层、各协作单位、发包人、分包人和监理工程师等协调，解决项目中出现的问题；进行现场文明及安全施工管理，预防和处理突发事件。

8）组织制定项目经理部各类管理人员的职责权限和各项规章制度，搞好与公司机关各职能部门的业务联系和经济往来，定期向公司经理报告工作。

9）参与工程竣工验收、准备结算资料，做好工程竣工结算、资料整理归档，接受企业审计，并做好项目经理部的解体与善后工作。

10）协助企业进行项目的检查、鉴定和评奖申报。

B　施工项目经理的权限

项目经理必须具有一定的权限，这些权限应由企业法人代表授予，并用制度和目标责任书的形式具体确定下来。项目经理在授权范围和企业规章制度范围内，应具有以下权限：

（1）组织项目管理班子；

（2）以企业法定代表人代表的身份处理与所承担的工程项目有关的外部关系，委托签署有关合同；

（3）指挥工程项目建设的生产经营活动，调配并管理进入工程项目的人力、资金、物质、机械设备等生产要素；

（4）选择施工作业队伍；

（5）进行合理的经济分配；

（6）企业法定代表人授予的其他管理权力。

C　施工项目经理的利益

项目经理最终的利益是项目经理行使权力和承担责任的结果，也是市场经济条件下责、权、利、效相互统一的具体体现。利益可分为两大类：一是物资兑现，二是精神奖励。项目经理应享有以下利益：

（1）获得基本工资、岗位工资和绩效工资。

（2）在全面完成《项目管理目标责任书》确定的各项责任目标、交工验收并结算后，接受企业的考核和审计，除按规定获得物质奖励外，还可获得表彰、记功、优秀项目经理等荣誉称号和其他精神奖励。

（3）经考核和审计，未完成《项目管理目标责任书》确定的责任目标或造成亏损的，按有关条款承担责任，并接受经济或行政处罚。

4.2.3　项目经理的素质要求

项目经理是项目成败的关键人物之一，应具备相应的素质。不同项目对项目经理的素质要求不可能完全相同，但基本的素质要求是一致的。这就是应具备良好的道德素养、必备的知识、较强的综合能力、丰富的实践经验和健康的体魄。

（1）良好的道德素养：道德素养决定着人的行为处事。中国古人说"能者居侧、贤者居上"，良好的道德素养是对项目经理最基本的要求。这种道德素养体现在两方面：一是维护社会正义的道德素养；二是个人行为的道德素养，包括要能够诚实守信、宽容大度等。任何管理的终极目标是引导人的自觉性，而一个具有良好道德素养的项目经理可以为下属起到很好的榜样和示范作用。

（2）必备的专业知识：项目经理要对项目进行有效管理，必须具备项目管理的理论知识，需要掌握项目管理的理念、观点、思想、方法、工具和技术。此外还应掌握必要的专业技术。对于大型复杂的工程项目，其工艺、技术、设备的专业性要求较强，项目经理应具备必要的专业技术知识，否则就无法决策。不熟悉专业技术，往往是导致项目管理失败的主要原因之一。

（3）较强的综合能力：不同的项目，对项目经理能力要求的程度不同，复杂、重要的项目，要求项目经理的能力强；反之则可降低。所以，项目经理应具备与所承担项目管理责任相适应的能力，其中包括：领导能力、管理能力、组织能力、决策能力、协调能力、沟通能力、创新能力、系统的思维能力等。人才资源是工程项目能否获得长期效益的无形资本。用人之道在于"用人之长、记人之功、容人之过、解人之忧"，合理的奖罚原则和以人为本的管理之道有助于协调各方关系。

（4）丰富的实践经验：项目管理是实践性很强的科学。如何将项目管理的理论方法应用于实践则是一门艺术。只有通过足够的项目管理实践，积累丰富的经验，才能增加对项目及项目管理的掌控，这种时间的积累就是我们常说的"火候"，丰富的实践经验有时比单纯从课本学到的理论知识更有助于项目经理对项目实现有效的管理。

（5）健康的体魄：工程项目复杂、条件艰苦、要求高，管理任务繁重，项目经理应具有健康的身体才能适应和胜任。

（6）相应的执业资格：工程建设项目经理应通过国家有关部门的考试，获得与所承担工程项目相应级别的建造师执业资格，这是能成为项目经理的"入门砖"，也是其综合素质和能力的重要体现。

4.2.4　建造师执业资格制度简介

建造师执业资格制度起源于英国，迄今已有 150 余年历史。目前，世界上许多发达国家均建立起该项制度。我国建立建造师执业资格制度是与国际接轨、开拓国际建筑市场的客观要求。

　　为了加强建设工程项目管理，提高建设工程施工管理专业技术人员素质，规范施工管理行为，保证工程质量和施工安全，根据《中华人民共和国建筑法》《建设工程质量管理条例》，人事部、建设部于 2002 年 12 月 5 日联合下发了《关于印发〈建造师执业资格制度暂行规定〉的通知》（人发〔2002〕111 号），印发了《建造师执业资格制度暂行规定》。

　　《中华人民共和国建筑法》第 14 条规定："从事建筑活动的专业技术人员，应当依法取得相应的执业资格证书，并在执业证书许可的范围内从事建筑活动。"《建设工程质量管理条例》规定，注册执业人员因过错造成质量事故时，应接受相应的处理。

4.2.4.1　建造师的定位与职责

　　建造师是以专业技术为依托、以工程项目管理主要是以施工管理为主业的执业注册人员。建造师是懂管理、懂技术、懂经济、懂法规，综合素质较高的复合型人员，既要有理论水平，也要有丰富的实践经验和较强的组织能力。建造师注册受聘后，可以建造师的名义担任建设工程项目施工的项目经理、从事其他施工活动的管理，从事法律、行政法规或国务院建设行政主管部门规定的其他业务。在行使项目经理职责时，一级注册建造师可以担任《建筑业企业资质等级标准》中规定的特级、一级建筑业企业资质的建设工程项目施工的项目经理；二级注册建造师可以担任二级建筑业企业资质的建设工程项目施工的项目经理。大中型工程项目的项目经理必须逐步由取得建造师执业资格的人员担任；但取得建造师执业资格的人员能否担任大中型工程项目的项目经理，应由建筑业企业自主决定。

4.2.4.2　建造师的级别

　　建造师分为一级建造师和二级建造师，英文分别为 Constructor 和 Associate Constructor。一级建造师具有较高的标准、较高的素质和管理水平，有利于开展国际互认。同时，考虑我国建设工程项目量大面广，工程项目的规模差异悬殊，各地经济、文化和社会发展水平有较大差异，以及不同工程项目对管理人员的要求也不尽相同，设立二级建造师，可以适应施工管理的实际需求。

4.2.4.3　建造师的专业

　　一级建造师资格考试《专业工程管理与实务》科目设置 10 个专业类别：建筑工程、公路工程、铁路工程、民航机场工程、港口与航道工程、水利水电工程、市政公用工程、通信与广电工程、矿业工程、机电工程。二级建造师资格考试《专业工程管理与实务》科目设置 6 个专业类别：建筑工程、公路工程、水利水电工程、市政公用工程、矿业工程和机电工程。

4.2.4.4　建造师的资格考试

　　一级建造师执业资格实行全国统一大纲、统一命题、统一组织的考试制度，由人事部、建设部共同组织实施，原则上每年举行一次考试；二级建造师执业资格实行全国统一大纲，各省、自治区、直辖市命题并组织的考试制度。考试内容分为综合知识与能力和专业知识与能力两部分。报考人员要符合有关文件规定的相应条件。一级、二级建造师执业资格考试合格人员，分别获得《中华人民共和国一级建造师执业资格证书》和《中华人民共和国二级建造师执业资格证书》。

4.2.4.5 建造师的注册

取得建造师执业资格证书且符合注册条件的人员，必须经过注册登记后，方可以建造师名义执业。建设部或其授权机构为一级建造师执业资格的注册管理机构；各省、自治区、直辖市建设行政主管部门制定本行政区域内二级建造师执业资格的注册办法，报建设部或其授权机构备案。准予注册的申请人员，分别获得《中华人民共和国一级建造师注册证书》和《中华人民共和国二级建造师注册证书》。已经注册的建造师必须接受继续教育，更新知识，不断提高业务水平。建造师执业资格注册有效期一般为3年，期满前3个月要办理再次注册手续。

4.2.4.6 注册建造师的执业范围

注册建造师有权以建造师的名义担任建设工程项目施工的项目经理；从事其他施工活动的管理；从事法律法规或国务院行政主管部门规定的其他业务。

4.2.4.7 注册建造师和项目经理的关系

项目经理是建筑业企业实施工程项目管理设置的一个岗位职务，项目经理根据企业法定代表人的授权，对工程项目自开工准备至竣工验收实施全面组织管理。项目经理的资质由行政审批获得。

建造师是从事建设工程管理包括工程项目管理的专业技术人员的执业资格，按照规定具备一定条件，并参加考试合格的人员，才能获得这个资格。获得建造师执业资格的人员，经注册后可以担任工程项目的项目经理及其他有关岗位职务。项目经理负责制与建造师执业资格制度是两个不同的制度，但是具有联系的两个制度。

实行建造师执业资格制度后，大中型工程项目的项目经理必须由取得建造师执业资格的人员来担任，这一方面对提高项目经理的管理水平、加强施工管理、保证工程质量、更好地落实项目经理负责制具有重要作用；但另一方面，具有建造师执业资格的人员是否担任项目经理，由企业自主决定。小型工程项目的项目经理可以由不是建造师的人员担任。

4.3 施工项目管理实施规划

4.3.1 概述

施工项目管理规划包括施工项目管理规划大纲（以下简称"规划大纲"）和施工项目管理实施规划（以下简称"实施规划"）。"规划大纲"在投标前编制，用以指导编制投标文件、投标报价和签订施工合同。"实施规划"是在施工合同签订后编制，用以策划施工项目计划目标、管理措施和实施方案，保证施工合同的顺利实施。施工项目管理

"规划大纲"与"实施规划"的对比见表4-2。

表4-2　施工项目管理"规划大纲"与"实施规划"的对比

种　类	服务范围	编制时间	编制者	主要特性	主要目标
施工项目管理 规划大纲	投标与签约	投标书编制前	经营管理层	规划性	中标和 经济效益
施工项目管理 实施规划	施工准备至验收	签约后开工前	项目管理层	作业性	实现合同 要求及效益

为了实现施工项目管理规划的作用，施工项目管理规划的编制要求如下：

（1）符合招标文件、合同条件以及发包人（包括监理工程师）对工程的要求。它们在很大程度上决定施工项目管理的目标，因此在编制过程中必须全面研究施工项目的招标文件和合同文件。

（2）符合实际，具有科学性和可行性。要进行大量的调查，掌握可靠的资料，以便能较好地反映以下几点：

1）符合环境条件，如工程环境、现场条件、气候条件、当地市场的供应能力等。

2）反映项目本身的客观规律，按工程规模、复杂程度、质量标准、工程项目自身的逻辑性和规律性作规划，不能过于片面强调压缩工期、降低费用和提高质量。

3）反映项目相关各方的实际能力，包括发包方的支付能力、管理和协调能力、材料和设备供应能力等；承包商的施工能力、供应能力、设备装备水平、管理水平和生产效率、过去同类工程的经验、目前在手的工程数量等；设计单位、供应商、分包商的能力等。

4）符合国家和地方的法律、法规、规程、规范。

5）符合现代管理理论，采用新的管理方法、手段和工具。

6）具有全面性、系统性和一定的弹性。

项目管理规划大纲是由企业管理层在投标之前编制的，旨在作为投标依据、满足招标文件要求及签订合同要求的文件。从学生生产实习的角度来考察，以下将详细介绍施工项目管理实施规划。

4.3.2　施工项目管理实施规划内容

施工项目管理实施规划是承包人在中标后、工程开工之前由项目经理主持编制的，旨在指导项目实施阶段管理的文件。它比施工项目管理规划大纲要具体、细致，更注重可操作性。

4.3.2.1　编制依据

施工项目管理实施规划的编制依据主要包括以下内容：

（1）施工项目管理规划大纲；

（2）企业与施工项目经理签订的"项目管理目标责任书"；

（3）施工合同及其相关文件；

（4）企业的管理体系、项目经理部的自身条件及管理水平、新掌握的其他信息等。

4.3.2.2　编制程序

施工项目管理实施规划的编制程序一般为：分析施工合同、施工条件及目标责任书→确定实施规划的目录及框架→项目各职能部门或人员分工编写→项目经理协调、汇总→企业管理层审查→修改定稿→报企业领导批准→监理工程师认可。

4.3.2.3　施工项目管理实施规划的内容及编制方法

A　工程概况

规划包括以下内容：工程特点、建设地点特征、施工条件、施工项目管理特点及总体要求。

编制时应包括规划大纲的一些内容，如施工项目概述和施工项目目标等。此外需列出施工项目的工作目录清单。

B　施工部署

施工部署是对整个工程施工的总体安排，应包括以下内容：项目的质量、进度、成本及安全目标；拟投入的最高人数和平均人数；分包计划、劳动力使用计划、物资供应计划；施工程序；项目管理总体安排等。

其中项目管理总体安排包括项目经理部的结构和人员安排；项目管理总体工作流程和制度设置；项目经理部各部门的责任矩阵；实施过程中的控制、协调、总结分析与考核工作过程的规定等。

C　施工方案

应对各单位工程、分部分项工程的施工方法做出说明。一般包括：施工流向和施工程序；施工段划分；施工方法和施工机械选择；安全施工设计；环境保护内容及方法等。

D　施工进度计划

施工进度计划包括施工总进度计划和单位工程施工进度计划。进度计划编制时应包含以下内容：

（1）编制说明。用以说明进度计划的编制依据、指导思想、编制思路及使用注意事项。

（2）施工进度计划。根据施工部署中的进度控制目标进行编制，用以安排进度控制的实施步骤和时间。

（3）发包人或监理工程师要求的其他内容。

E　资源需求计划

资源需求计划应分类编制，包括：劳动力需求计划，主要材料和周转材料需求计划，机械设备需求计划，预制品定货和需求计划，大型工具、器具需求计划等。对大型施工项目还应编制施工项目资金计划，按施工工期确定资金的投入、工程款收入和现金流量计划。

资源需求计划的编制，应按照合同施工范围所确定的工程量、已确定的施工方案及资源消耗定额进行。计划的内容包括资源名称、种类、数量、需要的时间等，用表格表示。并可按照时间坐标，绘制出整个施工工期范围内资源的投入强度。

F 施工准备工作计划

施工准备工作计划的内容包括：施工准备组织及时间安排、技术准备工作、施工现场准备、作业队伍和施工管理人员的组织准备、物资准备、资金准备等。

对大型的施工项目施工准备工作应采用项目管理方法，确定施工准备工作的范围，对施工准备工作进行结构分解，确定各项工作的负责人、工作要求、时间安排，并编制施工准备工作网络计划。

G 施工平面图

施工平面图包括施工平面图说明、施工平面图和施工平面图管理规划。

施工平面图应按照国家或行业规定的制图标准和制度要求进行绘制，图中应包括如下内容：在施工现场范围内现存的永久性建筑；拟施工的永久性建筑；现存永久性道路和施工临时道路；垂直运输机械；施工临时设施，包括办公室、仓库、配电间、宿舍、料场、搅拌站等；施工水电管网等。

H 施工技术组织措施计划

应针对工程的具体情况提出保证实现进度、质量、安全、成本目标，保证季节性施工，保护环境，文明施工的措施。上述各项措施均应包括技术措施、组织措施、经济措施及合同措施。

I 项目风险管理规划

项目风险管理规划应包括以下内容：风险因素识别一览表；风险可能出现的概率及损失值估计；风险管理的重点；风险防范对策；风险管理责任等。

在上述内容的基础上编制风险分析表。对于特别大的或特别严重的风险可以进行专门的风险规划。

J 项目信息管理规划

项目信息管理规划应包括以下内容：与项目组织相适应的信息流通系统；信息中心的建立规划；项目管理软件的选择与使用规划；信息管理实施规划。

K 技术经济指标、施工项目管理评价指标计算与分析

该项包括以下内容：规划的指标；规划指标水平高低的分析和评价；实施难点的对策。

在施工项目管理规划中应列出规划所达到的技术经济指标，以体现规划的水平、验证

项目目标完成的可能性，作为下达责任指标和项目结束时评价管理业绩的依据。

技术经济指标至少应包括：

（1）进度方面的指标：总工期；

（2）质量方面的指标：工程整体质量水平、分部分项工程的质量水平；

（3）成本方面的指标：工程总造价或总成本、单位工程量成本、成本降低率；

（4）资源消耗方面的指标：总用工量、单位工程量（或其他量纲）用工量、平均劳动力投入量、高峰人数、劳动力不均衡系数、主要材料消耗量及节约量、主要大型机械使用数量及台班量；

（5）其他指标：如施工机械化水平等。

施工项目管理评价指标，可以根据企业对施工项目管理的要求、施工项目的特殊性、发包人或监理工程师的要求等进行调整。

4.3.3 某邮电大楼工程施工项目管理实施规划案例

4.3.3.1 项目背景

某邮电通信大楼是一幢具有一流设施和智能型的办公大楼，总建筑面积32150m² （其中地下面积2150m²，地上面积30000m²），地下一层，地上二十四层。该工程综合容积率为6.5，综合覆盖率46%，绿化覆盖率23%。工程总投资1.9亿元人民币。

4.3.3.2 项目目标

根据本工程特点，结合内部环境和外部环境，确定主要目标如下：

（1）交付成果：一幢具有一流设施和智能型邮电通信大楼，建筑面积32150m²；

（2）工期目标：2003年1月1日开工，2005年6月30日竣工，总工期30个月；

（3）成本目标：总投资控制在1.9亿元人民币之内；

（4）质量目标：所有工程一次验收合格率100%，优良率90%，并且必保"市优"，争创"鲁班奖"；

（5）安全文明目标：无重大伤亡事故，轻伤率小于千分之三，争创"市安全文明样板工地"；

（6）环保目标：绿色施工。

4.3.3.3 组织机构确定

按照实行项目负责制的要求，组建"邮电大楼工程项目部"，公司委派一位项目经理负责该项目的组织实施；为了充分发挥项目经理对项目的管理作用，统筹考虑计划、人力、资源、费用及质量管理，保证项目顺利实施，采用矩阵式的项目组织，如图4-7所示。

4.3.3.4 项目团队成员分工

项目团队成员分工见表4-3。

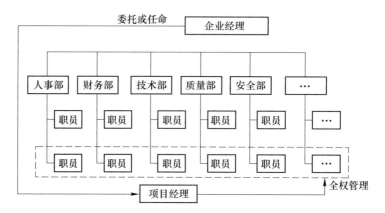

图 4-7   邮电大楼矩阵式的项目组织结构

表 4-3   邮电大楼项目团队成员分工

序号	项目机构	工作分工	主要工作内容
1	项目经理	全面负责	项目全面管理 （1）目标； （2）项目组织机构设计； （3）重大里程碑
2	计划财务部	计划管理	（4）工作分解结构； （5）工作责任分解
3	人事资源部	人力资源管理	（6）人力与资源使用计划
4	工程技术部	计划管理	（7）编制网络计划； （8）编制进度计划
5	计划财务部	费用管理	（9）费用分解； （10）费用分析
6	安全质量部	风险管理	（11）风险分析
7	工程技术部	施工管理	（12）进度管理

4.3.3.5   项目主要管理措施

（1）制度管理：制定《项目管理制度汇编》，实现管理程序化；倡导"总包总管"意识和"服务"意识，提高管理水平。

（2）计划管理：项目工程、技术、质量、安全文明、物资、成本、财务等工作实行计划管理，并规范计划的编制、审核、审批制度。

（3）计算机管理：项目内部实行局域网，做到资源共享；用《速恒管理软件》进行管理，实现管理科学化、现代化。

（4）项目发展战略：低成本、优服务、高效率。

4.3.3.6   重大里程碑事件

项目里程碑计划是编制进度计划的依据，是制定项目计划的一个重要工作。根据本项目的特点及业主要求，我们确定该项目重大里程碑事件包括：基础结构完成、主体结构完成、装饰工程完成、竣工验收完成。根据项目的工期要求，制定的里程碑计划如表 4-4 所示。

表 4-4　邮电大楼项目里程碑计划

里程碑事件	1	2	3	4	5	6	7	8	9	10	11	12	1	2	3	4	5	6	7	8	9	10	11	12	1	2	3	4	5	6	7
基础结构完成						▲ 2003年6月30日																									
主体结构完成															▲ 2004年3月31日																
装饰工程完成																												▲ 2005年4月30日			
竣工验收完成																														▲ 2005年6月30日	

4.3.3.7　项目工作责任分配

项目责任分配是在项目结构分解的基础上，进一步明确工作的责任。具体讲就是工作任务落实到项目部相关部门或个人头上，明确表示他们在组织中的关系、责任和地位。换句说就是事事有人做、事事有人管。分配对象是职能部门，分配原则是质量第一。表 4-5 为项目责任分配表。

表 4-5　邮电大楼项目责任分配表

任务		责任部门（个人）						
编号	任务名称	项目经理	人力资源部	办公室	计划财务部	工程技术部	安全质量部	设备物资部
110	施工准备	△	○	○	○	▲	○	○
121	土方开挖	△	○	○	○	○	▲	○
122	地基处理	△	○	○	○	○	▲	○
123	基础结构	△	○	○	○	▲	○	○
131	群房结构	△	○	○	○	▲	○	○
132	主楼结构	△	○	○	○	▲	○	○
133	砌体工程	△	○	○	○	○	▲	○
140	屋面工程	△	○	○	○	▲	○	○

任务		责任部门（个人）						
编号	任务名称	项目经理	人力资源部	办公室	计划财务部	工程技术部	安全质量部	设备物资部
151	门窗工程	△	○	○	○	○	▲	○
152	楼地面工程	△	○	○	○	▲	○	○
153	装饰工程	△	○	○	○	○	▲	○
161	给排水工程	△	○	○	○	○	▲	○
162	采暖通风工程	△	○	○	○	○	▲	○
163	强电工程	△	○	○	○	○	▲	○
164	智能化系统	△	○	○	○	▲	○	○
165	消防工程	△	○	○	○	▲	○	○
166	电梯安装	△	○	○	○	○	▲	○
171	道路	△	○	○	○	▲	○	○
172	停车场	△	○	○	○	○	▲	○
173	绿化	△	○	○	○	▲	○	○
180	竣工验收	△	○	○	○	▲	○	○
190	项目管理	▲	○	○	○	○	○	○

注：▲—负责；△—监督；○—参与。

4.3.3.8 项目人力资源的配置计划

项目的实施过程，实质上是人、财、物等有限资源有机的结合过程。在项目实施过程中，各种资源在项目中的地位、作用是不一样的，其中人力资源是最基本、最重要、最具创造性的资源，是影响项目成效的决定性因素，这是由人力资源的特征所决定的。本项目主要从以下几个方面考虑人力资源的配制计划：

（1）项目本身的要求；

（2）公司人力资源现状；

（3）公司、项目组织结构形式。

人力资源配制计划的依据是项目分解结构、进度计划等。基本的思路是先预计每项工作的工作量，然后结合资源的可利用情况及工期的要求进行综合分析，确定每项工作需要的资源数量和工期。项目人力资源计划见表 4-6。

表 4-6 邮电大楼人力资源计划表

工作编号	任务名称	人力资源	工日/人·天	数量/人	工期/天
110	施工准备	管理人员	900	30	30
120	基础工程				
121	土方开挖	工人	600	20	30
122	地基处理	工程师/工人	5400	5/85	60
123	基础结构	工程师/工人	21000	5/345	60
130	地上主体结构				
131	群房结构	工程师/工人	21000	5/345	60
132	主楼工程	工程师/工人	52500	5/245	210
133	砌体工程		21000	2/98	210
140	屋面工程	工程师/工人	3000	2/48	60
150	装修工程				
151	楼地面	工人	15000	100	150
152	门窗工程	工人	7500	50	150
153	装饰工程	工人	96000	200	480
160	安装工程				
161	给排水工程	工人	15000	50	300
162	采暖通风工程	工人	6000	50	120
163	强电工程	工人	6000	50	120
164	智能化系统	工程师/工人	10800	10/50	180
165	消防工程	工程师/工人	4500	2/28	150
165	电梯安装	工程师/工人	2400	2/18	120
170	室外工程				
171	道路	工人	900	30	30
172	停车场	工人	900	30	30

4.3.3.9 项目人力资源管理

本项目人力资源管理主要内容包括：人力资源规划、工作分析、个性分析、招聘与选拔、培训与开发、绩效考核、激励、沟通与交往。

（1）人力资源的招聘：项目管理的核心人员从公司内部选拔，部分应急人员面向社会招聘。

（2）人力资源的培训与开发：技术培训、文化培训、安全培训。通过培训确保组织获得所需要的人才，增加组织的吸引力留住人才，减少员工的挫折感，增强员工的归属感和信心。

（3）人力资源的激励：为了有效地调动项目团队队员的积极性，应了解成员的需求、个性，采取不同的激励措施，有效地发掘成员的内在潜力。

（4）建立绩效评估体系，定期进行绩效评估，奖优罚劣。

4.3.3.10 项目进度计划

项目进度计划编制的依据：

（1）根据项目工期要求、现场施工条件、项目特点和本单位施工经验以及技术、装备、人员情况编制。总工期30个月。

（2）为使资源使用合理化，根据本单位常年施工的实践经验，本计划利用网络优化技术按倒排工期法编制。

（3）每项工作的持续时间按工程类比施工经验、劳动定额等综合考虑，具有较大的可靠性。

（4）由于计划工期与要求工期相同，所以施工中必须加强对进度的监控，以确保计划工期的实现。进度监控常用的方法主要是调度报表分析、每周交班会、核实和定期检查。

项目进度计划编制步骤：

（1）根据项目工作分解的工序、各工序间的逻辑关系和组织关系，确定工序间的先后关系和搭接关系，建立工作关系表。

（2）根据工序工作内容、相关的施工经验和劳动定额，确定各工序的持续时间。

（3）根据各工序的工作关系和持续时间，编制网络计划（略）和横道图（即甘特图），如表4-7所示。

4.3.3.11 项目风险管理

（1）项目风险识别：基于项目的特点和背景资料对各种存在和潜在的风险进行识别。本项目存在的风险主要有：管理风险、费用风险、工期风险、质量风险、环保风险、安全风险等。

（2）项目风险分析与评估：对风险的来源、性质、出现的频率、危害程度进行定性定量分析和评估，从而为制定相应的措施提供依据。本项目风险排序为：1）成本风险；2）安全风险；3）质量风险；4）工期风险；5）管理风险；6）环保风险等。

针对项目风险的不同因素，制定相应的预防、减轻、转移、后备等措施，如表4-8所示。

表 4-7　邮电大楼施工进度计划表（横道图）

序号	工作编号及任务名称	工期/天
1	110 施工准备	30
2	121 土方开挖	30
3	122 地基处理	60
4	123 基础结构	60
5	131 群房结构	60
6	132 主楼结构	210
7	133 砌体工程	210
8	140 屋面工程	30
9	151 楼底面	120
10	152 门窗工程	150
11	153 装饰工程	480
12	161 给排水工程	300
13	162 采暖通风工程	150
14	163 强电工程	300
15	164 智能化系统	180
16	165 消防工程	150
17	166 电梯安装	120
18	171 道路	30
19	172 停车场	30
20	173 绿化	30
21	180 竣工验收	15
22	190 项目管理	330

表 4-8　邮电大楼项目风险控制规划表

序号	风险种类	风险内容	影响结果	危害程度	应对措施
1	费用风险	(1) 不了解市场; (2) 管理不善; (3) 资金不到位	费用增加 成本失控	A	(1) 市场调研; (2) 成本分割,预留应急费用; (3) 转移部分风险给合约商
2	安全风险	出现安全事故	工期延误 费用增加	A	(1) 加强安全措施的落实; (2) 投保险
3	质量风险	质量缺陷	业主不满意 费用增加	B	(1) 加强技术措施; (2) 强化施工过程管理; (3) 严格控制原材料
4	工期风险	(1) 工期太短; (2) 工作安排不合理	工期延误 费用增加	B	(1) 合理安排工序搭接; (2) 工期索赔
5	管理风险	(1) 管理不到位; (2) 合作方选择不当	费用增加	C	(1) 加强管理监控; (2) 选择合适的合约商
6	环保风险	环保不达标受处罚	工期延误 费用增加	C	(1) 加强环保措施; (2) 合理安排作业时间

注:A—高风险;B—中风险;C—低风险。

5 土木工程施工质量控制

【本章学习知识点】 本章将通过介绍建筑生产质量控制的基本常识，帮助学生了解土木工程施工生产实习中对工程进行质量控制的要点和注意事项，也是学生进行生产实习之前对建设生产基本常识的一个了解和熟悉的过程。

5.1 建设工程质量控制的基本概念

按照我国标准《质量管理体系 基础和术语》（GB/T 19000—2008），质量是指一组固有特性满足要求的程度。施工质量是指建设工程项目施工活动及其产品的质量。质量管理是指在质量管理方面指挥和控制组织协调的活动。与质量有关的活动通常包括：质量方针和质量目标的建立，质量策划、质量控制、质量保证和质量改进。

影响建设工程质量的主要因素有"人（Man）、材料（Material）、机械（Machine）、方法（Method）及环境（Environment）"五个方面，即4M1E。

（1）人的因素：对建设工程项目而言，人是泛指与工程有关的单位、组织及个人，包括直接参与工程项目建设的决策者、管理者、作业者。人的因素影响主要是指上述人员个人的质量意识及质量活动能力对施工质量造成的影响。人员的素质，即人的文化水平、技术水平、决策能力、管理能力、组织能力、作业能力、控制能力、身体素质及职业道德等，都将对工程质量产生不同程度的影响，所以工程质量控制应以控制人的因素为基本出发点。因此，我国实行执业资格注册制度和管理及作业人员持证上岗制度等。

（2）材料的因素：工程材料泛指构成工程实体的各类建筑材料、构配件、半成品等，它是工程建设的物质条件，是工程质量的基础。工程材料选用是否合理、产品是否合格、材质是否经过检验、保管使用是否得当等，都将直接影响建设工程项目的质量。所以，加强对材料的质量控制，是保证工程质量的重要基础。

（3）机械的因素：机械设备可分为两类：一是指组成工程实体及配套的工艺设备和各类机具如电梯、泵机、通风设备等，它们构成了建筑设备安装工程或工业设备安装工程，形成完整的使用功能；二是指施工过程中使用的各类机具设备，包括大型垂直与横向运输设备、各类操作工具、各种施工安全设施、各类测量仪器和计量器具等，简称施工机具设备。

（4）方法的因素：方法是指工艺方法、工法、操作方法和施工方案。在工程施工中，施工方案是否合理、施工工艺是否先进、施工操作是否正确，都将对工程质量产生重大的影响。从某种程度上讲，技术工艺水平的高低，决定了施工质量的优劣。大力推进采用新技术、新工艺、新方法，不断提高工艺技术水平，是保证工程质量稳定提高的重要因素。

（5）环境的因素：环境条件是指对工程质量特性起重要作用的环境因素，包括：工程技术环境，如工程地质、水文、气象等；工程作业环境，如施工环境作业面大小、防护设施、通风照明和通信条件等；工程管理环境，主要指工程实施的合同结构与管理关系的确定，组织体制及管理制度等；周边环境，如工程邻近的地下管线、建（构）筑物等。环境条件往往对工程质量产生特定的影响。加强环境管理，改进作业条件，把握好技术环境，辅以必要的措施，是控制环境对质量影响的重要保证。

5.2　建设工程施工质量控制

5.2.1　工程质量控制的目标

（1）工程质量控制的总体目标是贯彻执行建设工程质量法规和强制性标准，正确配置施工生产要素和采用科学管理的方法，实现工程项目预期的使用功能和质量标准。这是建设工程参与各方的共同责任。参与各方的质量控制目标是共同的，即达到投资决算所确定的质量标准，保证竣工项目的使用功能及质量水平与设计文件所规定的要求一致。

（2）建设单位通过施工全过程的全面质量监督管理、协调和决策，保证竣工项目达到投资决策所确定的质量标准。

（3）设计单位在施工阶段通过对施工质量的验收签证、设计变更控制及纠正施工中所发现的设计问题，采纳变更设计的合理化建议等，保证竣工项目的各项施工结果与设计文件（包括变更文件）所规定的标准相一致。

（4）施工单位通过施工全过程的全面质量自控，保证交付满足施工合同及设计文件所规定的质量标准（含工程质量创优要求）的建设工程产品。

（5）监理单位在施工阶段通过审核施工质量文件、报告报表和现场旁站及巡视检查、平行检测、施工指令和结算支付控制等手段的应用，监控施工承包单位的质量活动行为，协调施工关系，正确履行工程质量的监督责任，以保证工程质量达到施工合同和设计文件所规定的质量标准。

5.2.2　工程质量控制的依据

（1）共同性依据：指与质量管理有关的、通用的、具有普遍指导意义和必须遵守的基本条件。主要包括：工程建设合同；设计文件、设计交底及图纸会审记录、设计修改和技术变更等；国家和政府有关部门颁布的与质量管理有关的法律和法规性文件，如《建筑法》《招标投标法》和《质量管理条例》等。

（2）专门技术法规性依据：指针对不同的行业、不同质量控制对象制定的专门技术法规文件。包括规范、规程、标准、规定等，如：工程建设项目质量检验评定标准；有关建筑材料、半成品和构配件质量方面的专门技术法规性文件；有关材料验收、包装和标志等方面的技术标准和规定；施工工艺质量等方面的技术法规性文件；有关新工艺、新技术、新材料、新设备的质量规定和鉴定意见等。

5.2.3　工程质量控制的一般方法

5.2.3.1　质量文件审核

审核有关技术文件、报告或报表，是对工程质量进行全面管理的重要手段。这些文件包括：

（1）施工单位的技术资质证明文件和质量保证体系文件；

（2）施工组织设计和施工方案及技术措施；

（3）有关材料和半成品及构配件的质量检验报告；

（4）有关应用新技术、新工艺、新材料的现场试验报告和鉴定报告；

（5）反映工序质量动态的统计资料或控制图表；

（6）设计变更和图纸修改文件；

（7）有关工程质量事故的处理方案；

（8）相关方面在现场签署的有关技术签证和文件等。

5.2.3.2　现场质量检查

现场质量检查的内容包括：

（1）开工前的检查：主要检查是否具备开工条件，开工后是否能够保持连续正常施工，能否保证工程质量。

（2）工序交接检查：对于重要的工序或对工程质量有重大影响的工序，应严格执行"三检"制度，即自检、互检、专检。未经监理工程师（或建设单位技术负责人）检查认可，不得进行下道工序施工。

（3）隐蔽工程的检查：施工中凡是隐蔽工程必须检查认证后方可进行隐蔽掩盖。

（4）停工后复工的检查：因客观因素停工或处理质量事故等停工复工时，经检查认可后方能复工。

（5）分项、分部工程完工后的检查：分项、分部工程完工后应经检查认可，并签署验收记录后，才能进行下一工程项目的施工。

（6）成品保护的检查：检查成品有无保护措施以及保护措施是否有效可靠。

5.2.4　施工质量的控制过程

（1）施工质量控制的过程包括施工准备质量控制、施工过程质量控制和施工验收质量控制。

1）施工准备质量控制是指工程项目开工前的全面施工准备和施工过程中各分部分项工程施工作业前的施工准备。此外，还包括季节性的特殊施工准备。施工准备质量属于工作质量范畴，然而它对建设工程产品的质量产生重要的影响。

2）施工过程的质量控制是指施工作业技术活动的投入与产出过程的质量控制，其内涵包括全过程施工生产及其中各分部分项工程的施工作业过程。

3）施工验收质量控制是指对已完成工程验收时的质量控制，即工程产品质量控制。包括隐蔽工程验收、检验批验收、分项工程验收、分部工程验收、单位工程验收和整个建设工程项目竣工验收过程的质量控制。

（2）施工质量控制过程既有施工承包方的质量控制职能，也有业主方、设计方、监理方、供应方及政府的工程质量监督部门的控制职能，他们具有各自不同的地位、责任和作用。

（3）施工方作为工程施工质量的自控主体，既要遵循本企业质量管理体系的要求，也要根据其在所承建工程项目质量控制系统中的地位和责任，通过具体项目质量计划的编制与实施，有效地实现自主控制的目标。

5.2.5 施工过程质量控制

5.2.5.1 技术交底

项目开工前应由项目技术负责人向承担施工的负责人或分包人进行书面技术交底，技术交底资料应办理签字手续并归档保存。每一分部工程开工前均应进行作业技术交底。技术交底书应由施工项目技术人员编制，并经项目技术负责人批准实施。技术交底的内容主要包括：任务范围、施工方法、质量标准和验收标准、施工中应注意的问题、可能出现意外的预防措施及应急方案、文明施工和安全防护措施以及成品保护要求等。技术交底应围绕施工材料、机具、工艺、工法、施工环境和具体的管理措施等方面进行，应明确具体的步骤、方法、要求和完成的时间等。技术交底的形式有：书面、口头、会议、挂牌、样板、示范操作等。

5.2.5.2 测量控制

项目开工前应编制测量控制方案，经项目技术负责人批准后实施。对相关部门提供的测量控制点应在施工准备阶段做好复核工作，经审批后进行施工测量放线，并保存测量记录。在施工过程中应对设置的测量控制点线妥善保护，不准擅自移动。施工过程中必须认真进行施工测量复核工作，这是施工单位应履行的技术工作职责，其复核结果应报送监理工程师复验确认后，方能进行后续相关工序的施工。常见的施工测量复核有：

（1）工业建筑测量复核：厂房控制网测量、桩基施工测量、柱模轴线与高程检测、厂房结构安装定位检测、设备基础与预埋螺栓定位检测等。

（2）民用建筑测量复核：建筑物定位测量、基础施工测量、墙体皮数杆检测、楼层轴线检测、楼层间高程传递检测等。

（3）高层建筑测量复核：建筑场地控制测量、基础以上的平面与高程控制、建筑物中垂准检测和施工过程中沉降变形观测等。

（4）管线工程测量复核：管网或输配电线路定位测量、地下管线施工检测、架空管线施工检测、多管线交汇点高程检测等。

5.2.5.3 计量控制

施工过程中的计量工作包括施工生产时的投料计量、施工测量、监测计量，以及对项目、产品或过程的测试、检验、分析计量等。其主要任务是统一计量单位制度、组织量值传递、保证量值统一。计量控制的工作重点是：建立计量管理部门和配置计量人员；建立健全计量管理的规章制度；严格按规定有效控制计量器具的使用、保管、维修和检验；监督计量过程的实施，保证计量的准确。

5.2.5.4 工序施工质量控制

施工过程是由一系列相互联系与制约的工序构成的，工序是人、材料、机械设备、施工方法和环境因素对工程质量综合起作用的过程，所以对施工过程的质量控制，必须以工序质量控制为基础和核心。因此，工序的质量控制是施工阶段质量控制的重点。只有严格控制工序质量，才能确保施工项目的实体质量。工序施工质量控制主要包括工序施工条件控制和工序施工效果控制。

（1）工序施工条件控制：工序施工条件是指从事工序活动的各生产要素质量及生产环境条件。工序施工条件控制就是控制工序活动的各种投入要素质量和环境条件质量。控制的手段主要有：检查、测试、试验、跟踪监督等。控制的依据主要有：设计质量标准、材料质量标准、机械设备技术性能标准、施工工艺标准以及操作规程等。

（2）工序施工效果控制：工序施工效果主要反映在工序产品的质量特征和特性指标。对工序施工效果的控制就是控制工序产品的质量特征和特性指标达到设计质量标准以及施工质量验收标准的要求。

工序施工质量控制属于事后质量控制，其控制的主要途径是：实测获取数据、统计分析所获取的数据、判断认定质量等级和纠正质量偏差。

按施工验收规范规定，工程质量必须进行现场质量检测，合格后才能进行下道工序施工。

5.2.5.5　成品保护的控制

所谓成品保护一般是指在项目施工过程中，某些部位已经完成，而其他部位还在施工，在这种情况下，施工单位必须负责对已完成部分采取妥善的措施予以保护，以免因成品缺乏保护或保护不善而造成损伤或污染，影响工程的实体质量。加强成品保护，首先要加强教育，提高全体员工的成品保护意识，同时要合理安排施工顺序，采取有效的保护措施。

成品保护的措施一般有防护（就是提前保护，针对被保护对象的特点采取各种保护的措施，防止对成品的污染及损坏）、包裹（就是将被保护物包裹起来，以防损伤或污染）、覆盖（就是用表面覆盖的方法防止堵塞或损伤）、封闭（就是采取局部封闭的办法进行保护）等几种方法。

5.3　建设工程质量验收

工程质量验收是工程建设质量控制的一个重要环节，是对已完工的工程实体的外观质量及内在质量按规定程序检查后，确认其是否符合设计及各项验收标准的要求。工程质量验收包括施工过程的工程质量验收和施工项目竣工质量验收。其中检验批、分项工程、分部工程的验收属于过程验收；单位工程的验收属于竣工验收。

5.3.1　施工过程质量验收的内容

《建筑工程施工质量验收统一标准》（GB 50300—2001）与各个专业工程施工质量验收规范，明确规定了各分项工程施工质量的基本要求，规定了分项工程检验批量的抽查办法和抽查数量，规定了检验批主控项目、一般项目的检查内容和允许偏差，规定了对主控项目、一般项目的检验方法，规定了各分部工程验收的方法和需要的技术资料等，同时对涉及人民生命财产安全、人身健康、环境保护和公共利益的内容以强制性条文作出规定，要求必须坚决、严格遵照执行。检验批和分项工程是质量验收的基本单元；分部工程是在所含全部分项工程验收的基础上进行验收的，在施工过程中完工后即可验收，并留下完整的质量验收记录和资料；单位工程作为具有独立使用功能的完整的建筑产品，进行竣工质量验收。施工过程的质量验收包括以下验收环节，通过验收后留下完整的质量验收记录和资料，为工程项目竣工质量验收提供依据。

5.3.1.1 检验批质量验收

所谓检验批是指"按同样的生产条件或按规定的方式汇总起来供检验用的、由一定数量样本组成的检验体"，另外"检验批可根据施工及质量控制和专业验收需要按楼层、施工段、变形缝等进行划分"。检验批是工程验收的最小单位，是分项工程乃至整个建筑工程质量验收的基础。《建筑工程施工质量验收统一标准》（GB 50300—2001）有如下规定：

（1）检验批应由监理工程师（建设单位项目技术负责人）组织施工单位项目专业质量（技术）负责人等进行验收。

（2）检验批质量验收合格应符合下列规定：

1）主控项目和一般项目的质量经抽样检验合格；

2）具有完整的施工操作依据、质量检查记录。

主控项目是指对检验批的基本质量起决定性作用的检验项目。因此，主控项目的验收必须从严要求，不允许有不符合要求的检验结果，主控项目的检查具有否决权。除主控项目以外的检验项目称为一般项目。

5.3.1.2 分项工程质量验收

分项工程质量验收在检验批验收的基础上进行。一般情况下，两者具有相同或相近的性质，只是批量的大小不同而已。分项工程可由一个或若干检验批组成。《建筑工程施工质量验收统一标准》有如下规定：

（1）分项工程应由监理工程师（建设单位项目技术负责人）组织施工单位项目专业质量（技术）负责人进行验收。

（2）分项工程质量验收合格应符合下列规定：

1）分项工程所含的检验批均应符合合格质量的规定；

2）分项工程所含的检验批的质量验收记录应完整。

5.3.1.3 分部工程质量验收

分部工程的验收在其所含各分项工程验收的基础上进行。《建筑工程施工质量验收统一标准》（GB 50300—2001）有如下规定：

（1）分部工程应由总监理工程师（建设单位项目负责人）组织施工单位项目负责人和技术、质量负责人等进行验收；地基与基础、主体结构分部工程的勘察、设计单位工程项目负责人和施工单位技术、质量部门负责人也应参加相关分部工程验收。

（2）分部（子分部）工程质量验收合格应符合下列规定：

1）所含分项工程的质量均应验收合格；

2）质量控制资料应完整；

3）地基与基础、主体结构和设备安装等分部工程有关安全、使用功能、节能、环境保护的检验和抽样检验结果应符合有关规定；

4）观感质量验收应符合要求。

必须注意的是，由于分部工程所含的各分项工程性质不同，因此它并不是在所含分项验收基础上的简单相加，即所含分项验收合格且质量控制资料完整，只是分部工程质量验收的基本条件，还必须在此基础上对涉及安全和使用功能的地基基础、主体结构、有关安全及重要使用功能的安装分部工程进行见证取样试验或抽样检测；而且还需要对其观感质量进行验收，并综合给出质量评价，对于评价为"差"的检查点应通过返修处理等进行补救。

5.3.2　施工过程质量验收不合格的处理

施工过程的质量验收是以检验批的施工质量为基本验收单元。检验批质量不合格可能是由于使用的材料不合格，或施工作业质量不合格，或质量控制资料不完整等原因所致，其处理方法有：

（1）在检验批验收时，发现存在严重缺陷的应推倒重做，有一般的缺陷可通过返修或更换器具、设备消除缺陷后重新进行验收；

（2）个别检验批发现某些项目或指标（如试块强度等）不满足要求难以确定是否验收时，应请有资质的法定检测单位检测鉴定，当鉴定结果能够达到设计要求时，应予以验收；

（3）检测鉴定达不到设计要求，但经原设计单位核算仍能满足结构安全和使用功能要求的检验批，可予以验收；

（4）严重质量缺陷或超过检验批范围内的缺陷，经法定检测单位检测鉴定以后，认为不能满足最低限度的安全储备和使用功能，则必须进行加圈处理，虽然改变外形尺寸，但能满足安全使用要求，可按技术处理方案和协商文件进行验收，责任方应承担经济责任；

（5）通过返修或加固处理后仍不能满足安全使用要求的分部工程严禁验收。

5.3.3　竣工质量验收

施工项目竣工质量验收是施工质量控制的最后一个环节，是对施工过程质量控制成果的全面检验，是从终端把关方面进行质量控制。未经竣工质量验收或验收不合格的工程，不得交付使用。

5.3.3.1　竣工质量验收的依据

（1）国家相关法律法规和建设主管部门颁布的管理条例和办法；

（2）工程施工质量验收统一标准；

（3）专业工程施工质量验收规范；

（4）批准的设计文件、施工图纸及说明书；

（5）工程施工承包合同；

（6）其他相关文件。

5.3.3.2　竣工质量验收的要求

（1）检验批的质量应按主控项目和一般项目验收；

（2）工程质量的验收均应在施工单位自检合格的基础上进行；

（3）隐蔽工程在隐蔽前应由施工单位通知监理工程师或建设单位专业技术负责人进行验收，并应形成验收文件，验收合格后方可继续施工；

（4）参加工程施工质量验收的各方人员应具备规定的资格，单位工程的验收人员应具备工程建设相关专业的中级以上技术职称并具有5年以上从事工程建设相关专业的工作经历，参加单位工程验收的签字人员应为各方项目负责人；

（5）涉及结构安全的试块、试件以及有关材料，应按规定进行见证取样检测；对涉及结构安全、使用功能、节能、环境保护等重要分部工程应进行抽样检测；

（6）承担见证取样检测及有关结构安全、使用功能等项目的检测单位应具备相应资质；

（7）工程的观感质量应由验收人员现场检查。

5.3.3.3　竣工质量验收的标准

单位工程是工程项目竣工质量验收的基本对象。按照《建筑工程施工质量验收统一标准》（GB 50300—2001），建设项目单位（子单位）工程质量验收合格应符合下列规定：

（1）单位（子单位）工程所含分部（子分部）工程质量验收均应合格；

（2）质量控制资料应完整；

（3）单位（子单位）工程所含分部工程有关安全和功能的检验资料应完整；

（4）主要功能项目的抽查结果应符合相关专业质量验收规范的规定；

（5）观感质量验收应符合规定。

5.3.3.4　竣工质量验收的程序

建设工程项目竣工验收，可分为验收准备、竣工预验收和正式验收三个环节进行。整个验收过程涉及建设单位、设计单位、监理单位及施工总分包各方的工作，必须按照工程项目质量控制系统的职能分工，以监理工程师为核心进行竣工验收的组织协调。

A　竣工验收准备

施工单位按照合同规定的施工范围和质量标准完成施工任务后，应自行组织有关人员进行质量检查评定。自检合格后，向现场监理机构提交工程竣工预验收申请报告，要求组织工程竣工预验收。施工单位的竣工验收准备包括工程实体的验收准备和相关工程档案资料的验收准备，使之达到竣工验收的要求，其中设备及管道安装工程等应经过试压、试车和系统联动试运行检查记录。

B 竣工预验收

监理机构收到施工单位的工程竣工预验收申请报告后，应就验收的准备情况和验收条件进行检查，对工程质量进行竣工预验收。对工程实体质量及档案资料存在的缺陷，及时提出整改意见，并与施工单位协商整改方案，确定整改要求和完成时间。具备下列条件时由施工单位向建设单位提交工程竣工验收报告，申请工程竣工验收。

（1）完成建设工程设计和合同约定的各项内容；

（2）有完整的技术档案和施工管理资料；

（3）有工程使用的主要建筑材料、构配件和设备的进场试验报告；

（4）有工程勘察、设计、施工、工程监理等单位分别签署的质量合格文件；

（5）有施工单位签署的工程保修书。

C 正式竣工验收

建设单位收到工程竣工验收报告后，应由建设单位（项目）负责人组织施工（含分包单位）、设计、勘察、监理等单位（项目）负责人进行单位工程验收。

建设单位应组织勘察、设计、施工、监理等单位和其他方面的专家组成竣工验收小组，负责检查验收的具体工作，并制定验收方案。

建设单位应在工程竣工验收前7个工作日前将验收时间、地点、验收组名单书面通知该工程的工程质量监督机构。建设单位组织竣工验收会议。正式验收过程的主要工作有：

（1）建设、勘察、设计、施工、监理单位分别汇报工程合同履约情况及工程施工各环节施工满足设计要求，质量符合法律、法规和强制性标准的情况；

（2）检查审核设计、勘察、施工、监理单位的工程档案资料及质量验收资料；

（3）实地检查工程外观质量，对工程的使用功能进行抽查；

（4）对工程施工质量管理各环节工作、工程实体质量及质保资料情况进行全面评价，形成经验收组人员共同确认签署的工程竣工验收意见；

（5）竣工验收合格，建设单位应及时提出工程竣工验收报告，验收报告应附有工程施工许可证、设计文件审查意见、质量检测功能性试验资料、工程质量保修书等法规所规定的其他文件；

（6）工程质量监督机构应对工程竣工验收工作进行监督。

5.4 工程质量事故的分析和处理

5.4.1 工程质量问题的概念

（1）质量不合格：根据我国标准《质量管理体系　基础和术语》（GB/T 19000—2008）的规定，凡工程产品未满足某个规定的要求，就称之为质量不合格；而未满足与预期或规定用途有关的要求，则称之为质量缺陷。

（2）质量问题：凡是工程质量不合格的必须进行返修、加固或报废处理，由此造成直接经济损失低于规定限额的称为质量问题。

（3）质量事故：由于参建单位违反工程质量有关法律规定和工程建设标准，使工程产生结构安全、重要使用功能等方面的质量缺陷，必须进行返修、加固或报废处理，由此造成直接经济损失高于规定限额以上的称为工程质量事故。

5.4.2 工程质量事故的分类

按照住房和城乡建设部《关于做好房屋建筑和市政基础设施工程质量事故报告和调查处理工作的通知》（建质〔2010〕111号），根据工程质量事故造成的人员伤亡或者直接经济损失，工程质量事故分为4个等级：

（1）特别重大事故，是指造成30人以上死亡，或者100人以上重伤，或者1亿元以上直接经济损失的事故；

（2）重大事故，是指造成10人以上30人以下死亡，或者50人以上100人以下重伤，或者5000万元以上1亿元以下直接经济损失的事故；

（3）较大事故，是指造成3人以上10人以下死亡，或者10人以上50人以下重伤，或者1000万元以上5000万元以下直接经济损失的事故；

（4）一般事故，是指造成3人以下死亡，或者10人以下重伤，或者100万元以上1000万元以下直接经济损失的事故。

该等级划分所称的"以上"包括本数，所称的"以下"不包括本数。

上述质量事故等级划分标准与国务院令第493号《生产安全事故报告和调查处理条例》规定的生产安全事故等级划分标准相同。工程质量事故和安全事故往往会互为因果地连带发生。

例如：2003年1月7日，广东省某花园工地的卸料平台架体因失稳发生坍塌事故，造成3人死亡，7人受伤，初步统计经济损失55万元。由于该事故造成3人死亡，所以属于较大的建筑工程质量事故，继续分析事故的原因，可以发现：

（1）从企业层面看，该工程施工企业没有把安全摆到很高的位置，对安全生产非常不重视。事故发生前4天，惠州建筑工程施工安监站在工地检查时，就发现该工地存在严重的施工安全隐患，当场发出整改通知，要求在7天内整改完毕，但施工单位并没有严格按照规定整改，致使在整改期内发生事故。

（2）从项目层面看，项目经理并没有正确处理安全与其他生产要素的关系，没有落实安全生产责任制，施工现场混乱，没有设专职安全员。该工程搭设的卸料平台及外脚手架无设计方案，无验收便直接投入使用，是造成这次事故的直接原因。

（3）从中层管理者层面看，对现场施工监督无力，对工人违章操作熟视无睹。在工程未完的情况下，违章操作，先拆除了外脚手架。就在事故前几天，曾有人报告发现卸料平台架体并不稳固，但有关管理人员并未对平台架体进行检查和采取加固措施。

（4）从工人层面看，安全意识缺乏，违章作业，直接在平台上堆置砂浆进行搅拌作业，且在平台上堆积过多、过重的残余废料。

从以上的实例中我们看到，造成安全事故往往不仅仅是单一的原因、单一的责任人，而是综合的原因造成的，只有全面分析、总结经验、明晰责任才能更好地杜绝施工事故的发生。

5.4.3 工程质量问题原因分析

工程质量问题的表现形式千差万别，原因也多种多样，但归纳起来主要有以下几个方面：

（1）非法承包，偷工减料。由于社会腐败现象对施工领域的侵袭，非法承包，偷工减料，"豆腐渣"工程，成为近年重大施工质量事故的首要原因。

（2）违背基本建设程序。《建设工程质量管理条例》规定，从事建设工程活动，必须严格执行基本建设程序，坚持先勘察、后设计、再施工的原则。但是现实情况是：违反基本建设程序的现象屡禁不止，无立项、无报建、无开工许可、无招投标、无资质、无监理、无验收的"七无"工程，边勘察、边设计、边施工的"三边"工程屡见不鲜，几乎所有的重大施工质量事故都能从这个方面找到原因。

（3）勘察设计的失误。地质勘察过于疏略，勘察报告不准不细，致使地基基础设计采用不正确的方案；或结构设计方案不正确，计算失误，构造设计不符合规范要求等。这些勘察设计的失误在施工中显现出来，导致地基不均匀沉降，结构失稳、开裂甚至倒塌。

（4）施工的失误。施工管理人员及实际操作人员的思想、技术素质差，是造成施工质量事故的普遍原因。缺乏基本业务知识，不具备上岗的技术资质，不懂装懂瞎指挥，胡乱施工盲目干；施工管理混乱，施工组织、施工工艺技术措施不当；不按图施工，不遵守相关规范，违章作业；使用不合格的工程材料、半成品、构配件；忽视安全施工，发生安全事故等，所有这一切都可能引发施工质量事故。

（5）自然条件的影响。建筑施工露天作业多，恶劣的天气或其他不可抗力都可能引发施工质量事故。

（6）建筑材料及制品不合格。

5.4.4 质量事故处理

5.4.4.1 事故处理的依据

处理工程质量事故，必须分析原因，做出正确的处理决策，这就要以充分的、准确的有关资料作为决策基础和依据。一般的质量事故处理，必须具备以下资料：

（1）与工程质量事故有关的施工图。

（2）与工程施工有关的资料、记录，例如建筑材料的试验报告、各种中间产品的检验记录和试验报告，以及施工记录等。

（3）事故调查分析报告。

5.4.4.2 施工质量事故处理的基本要求

（1）质量事故的处理应达到安全可靠、不留隐患、满足生产和使用要求、施工方便、经济合理的目的。

（2）重视消除造成事故的原因，注意综合治理。

（3）正确确定处理的范围，正确选择处理的时间和方法。

（4）加强事故处理的检查验收工作，认真复查事故处理的实际情况。

（5）确保事故处理期间的安全。

5.4.4.3　工程质量事故处理的基本方法

（1）修补处理：当工程某些部分的质量虽未达到规定的规范、标准或设计的要求，存在一定的缺陷，但经过修补后可以达到要求的质量标准，又不影响使用功能或外观的要求时，可采取修补处理的方法。例如，某些混凝土结构表面出现蜂窝、麻面，经调查分析，该部位经修补处理后不会影响其使用及外观。

（2）加固处理：主要是针对危及承载力的质量缺陷的处理。通过对缺陷的加固处理，使建筑结构恢复或提高承载力，重新满足结构安全性及可靠性的要求，使结构能继续使用或改作其他用途。对混凝土结构常用的加固方法主要有：增大截面加固法、外包角钢加固法、黏钢加固法、增设支点加固法、增设剪力墙加固法和预应力加固法等。例如，某办公楼采用现浇钢筋混凝土框架结构，地面采用细石混凝土，施工过程中发现房间地坪质量不合格，后经调查发现有 80 间房间起砂，影响使用功能，需要重新加固，造成的经济损失为 2 万元。

（3）返工处理：当工程质量缺陷经过修补处理后仍不能满足规定的质量标准要求或不具备补救可能性时，则必须实行返工处理。例如，某公路桥梁工程预应力按规定张拉系数为 1.3，而实际仅为 0.7，属严重的质量缺陷，也无法修补，只能返工处理。

（4）限制使用：在工程质量缺陷按修补方法处理后无法保证达到规定的使用要求和安全要求，而又无法返工处理的情况下，不得已时可做出诸如结构卸荷或减荷以及限制使用的决定。

（5）不作处理：某些工程质量问题虽然达不到规定的要求或标准，但其情况不严重，对工程或结构的使用及安全影响很小，经过分析、论证、法定检测单位鉴定和设计单位等认可后可不作专门处理。一般可不作专门处理的情况有以下几种：

1）不影响结构安全、生产工艺和使用要求的。例如，某些部位的混凝土表面的裂缝，经检查分析属于表面养护不够的干缩微裂，不影响使用和外观，可不作处理。

2）后道工序可以弥补的质量缺陷。例如，混凝土现浇楼面的平整度偏差达到 10mm，但由于后续垫层和面层的施工可以弥补，所以可不作处理。

3）法定检测单位鉴定合格的。例如，某检验批混凝土试块强度值不满足规范要求，强度不足，但经法定检测单位对混凝土实体强度进行实际检测后，其实际强度达到规范允许和设计要求值时可不作处理。对经检测未达到要求值但相差不多的，经分析论证，只要使用前经再次检测达到设计强度，也可不作处理，但应严格控制施工荷载。

4）出现的质量缺陷，经检测鉴定达不到设计要求，但经原设计单位核算，仍能满足结构安全和使用功能的。例如，某一结构构件截面尺寸不足或材料强度不足，影响结构承载力，但按实际情况进行复核验算后仍能满足设计要求的承载力时，可不进行专门处理。这种做法实际上是挖掘设计潜力或降低设计的安全系数，应谨慎处理。

（6）报废处理：出现质量事故的工程，通过分析或实践，采取上述处理方法后仍不能满足规定的质量要求或标准时，则必须予以报废处理。

5.5　中国工程建设和建筑产品质量的现状与分析

5.5.1　中国工程建设和建筑产品质量的现状

中国的工程建设自改革开放后有了很大的发展，新建了许多基础设施和建筑产品，但是这些新建建筑和发达国家相比，无论在质量、安全、建筑物寿命、能耗上还有很大差距，见图5-1。

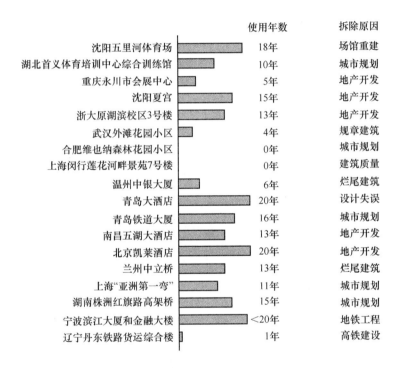

	使用年数	拆除原因
沈阳五里河体育场	18年	场馆重建
湖北首义体育培训中心综合训练馆	10年	城市规划
重庆永川市会展中心	5年	地产开发
沈阳夏宫	15年	地产开发
浙大原湖滨校区3号楼	13年	地产开发
武汉外滩花园小区	4年	规章建筑
合肥维也纳森林花园小区	0年	城市规划
上海闵行莲花河畔景苑7号楼	0年	建筑质量
温州中银大厦	6年	烂尾建筑
青岛大酒店	20年	设计失误
青岛铁道大厦	16年	城市规划
南昌五湖大酒店	13年	地产开发
北京凯莱酒店	20年	地产开发
兰州中立桥	13年	烂尾建筑
上海"亚洲第一弯"	11年	城市规划
湖南株洲红旗路高架桥	15年	城市规划
宁波滨江大厦和金融大楼	<20年	地铁工程
辽宁丹东铁路货运综合楼	1年	高铁建设

图 5-1　近年来被拆除的部分工程项目名单和使用年数及拆除原因

从图5-1中可以看出，造成建筑使用年数短有多方面的原因，其中主要原因包括：城市规划、建筑质量、设计原因等。

5.5.2　建筑产品短命的危害

建筑产品短命的危害很大，具体如下：

危害一：耗资巨大。

危害二：污染环境。大量尚处于使用年限内的建筑被拆除，还会造成资源耗费，并因产生大量粉尘和废弃物，增加环境负荷。住建部副部长仇保兴在第六届国际绿色建筑与建筑节能大会上说，我国是世界上每年新建建筑量最大的国家，每年20亿平方米新建面积，相当于消耗了全世界40%的水泥和钢材，而这些建筑大多只使用25~30年。建筑短命意味着要不断拆毁重建。一些地方官员为了政绩，重经济增长，轻资源保护，将楼房一拆一建视为增加 GDP、获得可观收入的有效手段，导致大拆大建现象频繁出现，不仅耗费大量资源能源，造成严重浪费，也不利于城市文化的延续。

建筑短命产生了大量建筑垃圾（图 5-2）。据仇保兴副部长介绍："我国建筑垃圾的数量已占到城市垃圾总量的 30%～40%。据对砖混结构、全现浇结构和框架结构等建筑施工材料损耗的粗略统计，在每万平方米建筑的施工过程中，仅建筑垃圾就会产生 500～600t；而每万平方米拆除的旧建筑，将产生 7000～12000t 建筑垃圾，而中国每年拆毁的老建筑占建筑总量的 40%。"建筑垃圾已经成为危害环境、挤压我们生存空间的一大难题，而处理这些垃圾同样需要耗费大量人力和财富。

图 5-2　建筑垃圾示意图

危害三：社会问题。现在商品房住宅的产权是 70 年，比其平均使用寿命周期要长 40 年，建筑短命所造成的"权证在、物业亡"的脱节现象，将引发一连串的社会问题。

建筑产品短命造成了我国建筑住宅能耗的特点是总量大、比例高、能效低、污染重，钢材消耗量比发达国家高出 10～25 个百分点，卫生洁具的耗水量高 30% 以上。我国既有的近 400 亿平方米的建筑基本上是高耗能建筑，单位面积采暖能耗相当于气候条件相近发达国家的 2～3 倍。目前我国每年新增建筑近 20 亿平方米，超过所有发达国家建设量的总和，但 95% 以上仍是高能耗建筑。如果不尽快采取节能措施、不推行建筑节能材料、不从根本上转变建筑业增长方式，2020 年建筑能耗将达到 11 亿吨标准煤，相当于目前建筑能耗的 3 倍。

建 $100m^2$ 的住房需要钢筋 7.5t，这 7.5t 钢筋需要用 7.5t 煤炭来冶炼；$100m^2$ 的住房需要 3t 陶瓷作为装修材料，需消耗煤炭 7.2t；$100m^2$ 的住房仅钢筋、水泥、石子、沙子、陶瓷、玻璃 6 种建筑材料就需消耗煤炭 18.54t；另外，各种建筑材料的运输也需要燃料，住房建设过程中需要吊车等电力机械，再加上塑料、涂料等其他建筑材料，建造一套 $100m^2$ 的住房消耗的能源折合煤炭不会低于 25t，这 25t 煤可以发电 714294kW·h。按中国发改委的统计，中国每个家庭户平均每月用电 110kW·h，$100m^2$ 的住房消耗的能源够一个家庭户 54.1 年的用电。

建 $100m^2$ 住房排放 61t 二氧化碳，产生 6t 建筑垃圾；燃烧 1t 煤炭要排放 2.44t 二氧化碳，建造 $100m^2$ 的住房所需要的 25t 煤炭燃烧后排放的二氧化碳总量为 61t。

众所周知，建筑业属于高扬尘产业，拆除旧建筑扬尘，建设新建筑也有扬尘。建筑物的寿命越短，拆旧建新越频繁，向大气层排放的尘埃越多，雾霾越严重。

不利于城市的防灾减灾。2010 年 2 月 27 日，智利发生里氏 8.8 级地震，据地质专家介绍，智利地震释放的能量，几乎相当于同年 1 月海地太子港地震的 500 倍，但智利的人员伤亡却很少，300 多人在地震中遇难。对于这种量级的灾难而言，生命损失已经降低到了最大限度！我们在为不幸遇难者哀悼的同时，更庆幸更多的人在灾难中活了下来。智利有着非常严格、系统的建筑质量标准和比较完善的应急措施，地震之后虽然很多建筑受到损害，但并没有完全倒塌。值得强调的是，就连低造价的建筑物质量也有保障，因为"栋栋都符合防震标准"（非政府组织人道主义建筑事务所执行主管卡梅伦·辛克莱的评价）。

中国也有建筑标准，《民用建筑设计通则》规定，一般性建筑年限为 50~100 年，重要建筑和高层建筑主体结构的耐久年限高达 100 年。民居住宅即使被包括在一般性建筑中，也应该有 50~100 年的使用年限。但是很多建筑物还没有达到其使用年限就被拆除了，而许多建筑因为质量问题达不到其应有的使用年限。当我们指责承包商在施工过程中偷工减料、以次充好使用劣质的建筑材料施工造成了质量问题时，我们还应当看到，作为建筑市场的卖方——承包商在为买方——业主进行建筑产品的建设时，一些政府工程项目的业主，在不具备条件，特别是资金条件下，由于地方政府的主动介入和干预，这些工程项目无须经过认真严谨的论证，甚至没有经过论证就仓促上马，而且常常不切实际地被要求在指定期限内竣工，在这种建设资金的筹措存在困难，工程质量又难以得到保障的情况下，纠纷往往极其容易产生；此外，一些业主为了实现其利润最大化的目标，往往压价承包、拖欠工程款支付，而承包商无利可图，只有靠偷工减料、拖欠民工的工资，这样带来的就是工程质量的降低、建筑市场的混乱、民工上访等一系列工程质量问题和社会问题；而对于一些贫困地区的校舍，作为非盈利机构的学校在教育产业化的政策下，既无力支付承包商的工程款，又得不到地方政府的财政预算资助，资金不足必然导致建筑产品的质量问题。

西方发达国家非常重视建筑质量，尤其是学校的建筑质量，教育作为国家的重中之重，不是作为产业，而是作为国家大力投资建设的部门，校舍的建设资金充足，校舍的质量有严格的标准保障。

在 1994 年美国洛杉矶北岭地震中，没有一座学校建筑倒塌，原因是加州在 1972 年出台的条例对学校建筑制定了严格的标准，把学校按照"第一避难所"原则来建设的。

2008 年中国四川汶川 5.12 地震发生后的 5 月 16 日，日本政府立即推行了一个"校舍补强计划"，对全国学校建筑进行检查、加固。

在当今我国的一些工程活动已经引起了负面效应，国家十分强调保护生态环境、重视社会可持续发展的情况下，符合建筑生产基本规律的合理和科学的规划与决策显示出了越来越重要的作用。

5.5.3　长寿建筑给我们的启示

纵观人类文明史，都江堰是当今世界唯一留存的以无坝引水为特征的宏大的古代水利工程。它的创建，正确处理鱼嘴分水堤、飞沙堰溢洪道、宝瓶口引水口等三大主体工程的关系，使其相互依赖、功能互补、巧妙配合、浑然一体，形成布局合理的系统工程，联合发挥分流分沙、泄洪排沙、引水疏沙等的重要作用，使其枯水不缺，洪水不淹，消除了水患，并且变害为利，使天（泛指总的自然生态）、地、人、水四者高度协调统一，建堰2300多年至今发挥效益。与之兴建时间大致相同的古埃及和古巴比伦的灌溉系统，以及中国陕西的郑国渠和广西的灵渠，都因沧海变迁和时间的推移，或湮没、或失效，唯有都江堰至今还滋润着天府之国的万顷良田，对后世依然有着很好的启发和借鉴。

　　都江堰位于四川省都江堰市城西，由秦国蜀郡太守李冰及其子率众于公元前256年左右修建，见图5-3。

图5-3　都江堰水利工程地形图

　　成都平原本是一块盆地，它的西北是绵延的岷山山系。发源于成都平原北部岷山的岷江，沿江两岸山高谷深，水流湍急；到灌县附近进入一马平川，水势浩大，往往冲决堤岸，泛滥成灾；从上游挟带来的大量泥沙也容易淤积在这里，抬高河床，加剧水患；特别是在灌县城西南面，有一座玉垒山，阻碍江水东流，每年夏秋洪水季节，常造成东旱西涝。李冰父子设计的都江堰从根本上解决了这一水患。

　　从总体看，都江堰的结构设计极为简单纯朴，它充分利用当地西北高、东南低的地理条件，根据江河出山口处特殊的地形、水脉、水势，乘势利导，无坝引水，自流灌溉，使堤防、分水、泄洪、排沙、控流相互依存，共为体系，保证了防洪、灌溉、水运和社会用水综合效益的充分发挥。都江堰工程主要包括鱼嘴分水堤、飞沙堰溢洪道、宝瓶口引水口等，其中"鱼嘴"是都江堰的分水工程，因其形如鱼嘴而得名，它昂首于岷江江心，把岷江分成内外二江。西边叫外江，俗称"金马河"，是岷江正流，主要用于排洪；东边沿山脚的叫内江，是人工引水渠道，主要用于灌溉；鱼嘴的设置在洪、枯水季节不同水位条件下，起着自动调节水量的作用（图5-4）。

　　鱼嘴所分的水量有严格的比例。春天，岷江水流量小，灌区正值春耕，需要灌溉，这时岷江主流直入内江，水量约占六成，外江约占四成，以保证灌溉用水；洪水季节，二者比例又自动颠倒过来，内江四成，外江六成，使灌区不受水潦灾害。在壁上刻的治水《三字经》中说的"分四六，平潦旱"，就是指鱼嘴这一天然调节分流比例的功能。

　　在数学里有一个非常奇特的数 0.618，称之为黄金数。它有着令人不可思议的代数和几何性质。按照 0.618 的比例来分割，称之为黄金分割，所以 0.618 也称为黄金比例。黄

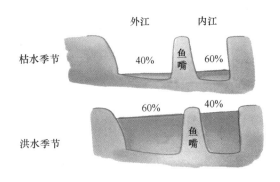

图 5-4 都江堰水利工程"鱼嘴"分水工程分水原理示意图

金分割有着独特的最优性质。"分四六"正好是黄金分割。

分入内江的水，流下去约 1000m，就到了"宝瓶口"。"宝瓶口"是人工从玉垒山凿开的一个 20m 宽的口子。由于像瓶口，就叫它宝瓶口。一进此口，水就被引向东，灌溉川西平原。分水堰两侧垒砌大卵石护堤，靠内江一侧的叫内金刚堤，外江一侧叫外金刚堤。分水堰建成以后，内江灌溉的成都平原就很少有水旱灾了。此后，为了进一步控制流入宝瓶口的水量和防治泥沙淤积在宝瓶口的入水口，在鱼嘴分水堤的尾部，又修建了分洪用的平水槽和飞沙堰溢洪道。

飞沙堰溢洪道位于金刚堤尾部、离堆前端，长约 200m，高 2.15m，其作用是当内江水量较小的时候，拦水进入宝瓶口，起着河堤的作用，保证灌区水量。当洪水季节水量较多时，大量的江水由于受到宝瓶口的阻拦并在此淤积，当超过溢洪道的高度时，多余的水就自动排泄到外江，如遇特大洪水的非常情况，它还会自行溃堤，让大量江水泄入外江。"飞沙堰"的另一作用是"飞沙"，岷江水流从万山丛中急驰而来，挟着大量泥沙、石块，如果让它们顺内江而下，就会淤塞宝瓶口和灌区，李冰巧妙地利用宝瓶口前面三道崖的弯道环流地形和水势，利用弯道流体力学原理——离心力作用和漫过飞沙堰流入外江的水流的漩涡作用，简单易行地解决了河沙淤积这个国际上水利工程的难题，让飞沙堰自动排去内江泥沙量的 75%。甚至重达千斤的巨石，也能从这里抛入外江，确保内江通畅。

都江堰没有修一道坝横截洪水，而只是用流笼筑成。所谓流笼，是用青竹剖开以后，浸过桐油或石灰，增加它的纤维拉力，以及防水渍的腐蚀力；再将这种处理过的青竹编织成长数丈、直径 1m 多、有六角形空洞（俗称胡椒眼）的竹笼；然后把大大小小圆形近似鹅卵的石块（俗称鹅卵石）填到竹笼内，就做成了流笼。流笼每年需要检查一下，发现了腐朽的流笼就更换新的，流笼的一大优点就是能收集砂砾和小块卵石。如今为了一劳永逸地解决问题，用混凝土坝取代流笼，就失去了流笼积聚细沙和碎石的功效。

修建都江堰的一切都直接取之于自然，借助于自然，而又完全融于自然。建成后的都江堰不是一个独立于自然的新建工程，而是成为自然的协调而不可分的一部分。世界上的一切成型的东西都是生命体，都会有一个生命史，都会有一个生命过程。而当一个生命体完全与自然融为一体的时候，它的生命就同自然关联起来了。自然不坏，他的生命就得以存在。这些都是都江堰建堰 2300 多年，生命不衰的很关键的原因。

总结都江堰水利工程的综合效益如表 5-1 所示。

表 5-1　都江堰水利工程的综合效益

项　目	综　合　效　益
寿命期	至今，约2300多年
社会效益	防洪、灌溉，成就了成都平原"天府之国"的美誉，工程至今依然发挥效益，社会效益巨大。工程完工后每年两度的岁修仪式，成为传统的民俗和节日，传承了中华文化中"敬天、感恩"的思想内涵，在北京"世界园林博览会上"都江堰的岁修仪式是展示项目之一
经济效益	成本低，主要体现为： （1）工程建设期内工程材料就地取材，占工程项目主要成本的材料费较低； （2）每年有两度的岁修费用，但是排沙费用较低
风险	由于工程类型为无坝引水工程，因此： （1）无军事风险； （2）对自然环境，包括气候、水文等无负面影响； （3）对长江水域鱼类等生物种群等无影响； （4）对航运无影响

5.5.4　从都江堰水利工程的成功经验看文化自信

（1）都江堰水利工程的成功得益于古人朴素的"天人合一"的理念。

中国古人崇尚："人法地，地法天，天法道，道法自然。""天人合一"的思想说明了人与自然、人与人、人与周围的一切的关系。"天人合一"首先认为，这个世界是一个统一的世界，都是由天地演化而来的，天下万物之间是一种全息关系，即部分映射着整体，并凝聚着整体的各种信息，而这种联系是变化的，不是静止的。从都江堰的成功经验可知，都江堰工程的设计不仅仅在空间上与周围环境相协调，在时间上也考虑到了四季的水量变化对堰体的要求。所以这种"天人合一"的理念所蕴含的系统观层面博大精深，不仅仅体现在一时一处和一事，而是时空上的全面考量。

我们现在提倡的可持续发展、低碳生活，这些先进的理念，中国早在公元前就有，它使得中国拥有过发达的传统农业，支撑了灿烂的传统文明。

（2）都江堰水利工程的成功得益于儒家文化中的"万事和为贵"的处世之道。

中国传统文化中的互惠互利、"家和万事兴""万事和为贵"的处世之道，也为解决这种参与方的利益分配提供了一定的理论依据。

图 5-5 给出了博弈双方的合作程度对双方利益水平的影响。

从图 5-5 中可以看出，如果博弈的双方处于互相防御的状态，他们的信任程度和合作程度都较低，那么最终的结果就会是一方赢，另一方输；若双方能够互相尊重，在一定程度上能够为对方的利益考虑，采取必要的让步和妥协，这样就会带来一定意义上的合作；只有当博弈双方的信任程度和合作程度都处于较高水平时，他们能够最大程度上互相理

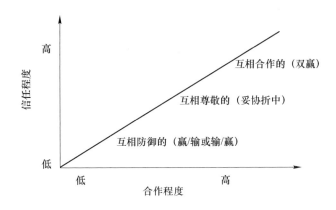

图 5-5　博弈双方的合作程度对双方利益水平的影响

解、彼此合作，这样的双方是互惠互利的，也就是博弈论中的双赢。

中国的古人说："君子施恩不图报，知恩不报是小人""受人滴水之恩，他日当涌泉相报"。这种敬天感恩的文化理念是儒道文化的精髓。报恩体现在方方面面，对待自然（天、地）要像对待父母一样，按其本性来敬养它，这样就能够得到自然的恩惠。孟子说，不违农时，粮食就吃不完；不把细密的网撒向大湖深池，鱼类水产就吃不完；伐木砍树能遵守规定的季节，木材就用不完。而要达到这一点，就要纠正那种征服自然、改造自然的自大想法，要尊重自然，顺势利导，达到与自然的双赢。

（3）现代科学技术和手段过度依赖于数值分析和计算，忽视自然与生命相关联的一面，对自然的感悟能力不断减弱，如此巧借天力的水利工程设计在现代近乎绝迹。相反，2300 多年前的都江堰设计者李冰并不知晓现代物理学的诸多名词，凭借对自然生命的观察和感悟，设计出了如此完美的都江堰，虽经 12 次 6 级以上地震，三大主体工程依然完好，创造出了水利工程史上的奇迹。

现代科技受工业化发展思想的影响，生产出来的多是规格化的产品，而忽视周围环境是否适合这种模式，造成对环境的破坏，甚至有些破坏是不可逆的。以水利工程为例，一律的拦河建坝，而忽视周围环境是否适合这种水利模式。以发电为例，在中国"凡峡谷河流原不通航，支流两岸又少田地，像大渡河龚嘴那样是可以拦河筑坝、利用水力发电的。尽管 16 年来这水库已积满卵石夹沙，失掉了调节洪水的能力，仍能利用自然水流的落差发电"（语自清华大学水利学院黄万里教授）。但是在河流较平缓处，位于黄金水道的上段，卵石和泥沙淤积后会上延抬高洪水位，淹没良田，这种地貌不适于建设大坝。

换言之，现代科技将人对客观世界的认知局限在三维空间，不能向更高层面发展，借口是技术竞争，改变人的生存条件，这种物质化和功利化的本身使得现代科技面对水害和其他自然灾害时常常束手无策，或者"兵来将挡，水来土掩"。而从防灾的角度上看，将自然界已有的资源加以疏导和重新调整，化害为利可以说是防灾减灾的最好目标，是化被动为主动、化消极为积极的最好举措。以都江堰工程为例，飞沙堰的排沙功能利用的是洪水本身的冲击力，用洪水自身的冲力自动排沙，中国古人智慧中的"四两拨千斤"、太极中的云手、借力打力在都江堰的设计中也有体现。

6 土木工程施工生产实习成果的整理与总结

【本章学习知识点】 实习成果通常包括实习日记、实习总结报告以及学生在施工实习期间在实习指导人指导下自己完成的专题调研报告等。每个学生至少应完成实习日记和实习报告两项，并附各自实习鉴定表。

6.1 施工生产实习日记及总结报告

6.1.1 实习日记的主要内容及要求

实习结束之后，学生应对所参与的建设项目的建筑设计、结构设计、施工技术、施工组织、旁站监理、项目管理等主要工作内容中本人体会深、接触多的工作进行总结并完成实习报告，对先进的技术及管理资料可收集整理，进行专题研究的可提出专题报告。在实习过程中，每人每天应写实习日记。实习日记是记录实习工作情况和积累专业实践知识的一种方式和方法。实习学生应从进入工地的第一天起开始记录，直到离开工地实习结束的最后一天为止，记录实习日记的总天数应不少于规定的实习天数。要逐日记录，并分上、下午，不得间断或后补，实习第一篇日记一般应记录接受安全教育的情况。

实习日记的主要内容是简明记录每天工作和劳动情况、出现的问题和收获体会，摘抄必要的技术资料，生产会议记录及施工关键部位的建筑结构的处理方法、工程质量要求等有关其他记录。

实习日记应注明日期、气象、实习部位、内容、工人和设备数量、方法顺序（必要的内容可图示）、施工质量等（应与有关规范相比较）。日记应字迹工整、文字简练、条目分明、图表清楚，不能记成流水账。

在实习日记中，可摘抄部分与实习有关的技术资料作为知识的扩充，但不得抄袭施工技术人员的施工日志将其直接作为自己的实习日记。

6.1.2 实习总结报告

实习总结报告是学生对实习工作的全面总结，综合反映了学生在施工实习中掌握生产实践知识的广度和深度，以及对工程实际问题分析、归纳、创新的能力，也是综合评定学生实习成绩的主要依据。学生应根据自己在实习中的主要内容和收获体会，认真思考，深刻而精炼地描述施工实习的成果。实习总结报告应按实习大纲要求的主要内容分别编写，通常可从如下几方面考虑：

（1）简单介绍工程概况；

（2）说明实习的主要工作内容和亲身参加了哪些具体工作；

（3）现场采用的新设备、新材料、新技术、新工艺；

（4）施工现场存在的问题和改进意见；

（5）着重说明实习的收获和体会；

（6）对本次实习的意见和建议。

6.2　施工生产实习中有关新结构、新工艺、新技术、新方法的专题报告

土木工程施工中的新材料、新技术等发展很快，在土木工程施工生产实习过程中往往会遇到不少新的结构形式、新工艺、新方法、新材料、新技术等，这对于扩展学生的视野以及知识更新都大有裨益。实习学生应对此方面内容引起重视，注意分析其特点，了解其应用条件和有关规范要求，或对其技术经济进行分析，这些内容可以整理为专题报告作为实习成果的一部分，激发学生实习和学习的兴趣。以下为某火车站钢结构及幕墙工程 BIM 深化设计专题研究报告案例。

实习指导老师：刘占省、章慧蓉

实习学生：北京工业大学土木工程专业 12 级学生杨佳泰

某火车站钢结构及幕墙工程 BIM 深化设计专题研究报告

一、工程简况

某火车站工程总建筑面积约 14.3 万平方米，包括新建站房约 7.41 万平方米，新建站台雨棚 6.22 万平方米，改造第二候车室约 $6910m^2$。

二、工程施工条件

（一）气象条件

站区属中温带亚湿润大陆性季风型气候。冬季寒冷漫长，夏季炎热短促，春季干旱少雨，寒暑温差大。根据 1988~1997 年气象资料，当地主要气象要素如下：月平均最高气温为 28℃，月平均最低气温-24.8℃，极端最高气温 36.7℃，极端最低气温-37.5℃，历年平均气温 4.9℃。年内最冷月为一月，最冷月平均气温-17.4℃。历年各月平均风速为3.1m/s。最多风向为 S、SSW（西南偏南）、SSE（东南偏南）。历年最大风速为 17.3m/s，风向 SSW。年最大降水量 826.3mm，最大积雪深度为 41cm。土壤最大冻结深度 2.05m。按对铁路工程影响的气候分区，属严寒地区。

（二）水文地质特征

按照地下水埋藏条件和含水层的状态分类，勘察场地地下水类型为第四系孔隙潜水。地下水赋存于黏性土下部的砂类土层中，含水层分布较稳定。

场区地下水与松花江有水力联系，由于含水层的渗透性和径流条件较好，因此形成互补的排泄和补给条件，水位亦受一定的大气降水和蒸发的影响。地下水动态变化规律为 7~9 月丰水期，水位高，3~5 月枯水期，水位低，年变化幅度在 1~3m。勘测期间地下水埋深为 9.00~10.10m（高程 118.12~120.01m）。

依据《岩土工程勘察规范》（GB 50021—2001）（2009 版），根据 ZD-06 及 ZD-24 孔取水试验判定：该场地地下水对混凝土结构具微腐蚀性，对钢筋混凝土结构中的钢筋具微腐蚀性。环境类型为 II。

三、总体施工方法

（一）土方、深基坑支护及降水工程

一期工程（一期）：北站房基坑深 8.6m，宽 48.35m，长 132.15m，采用两级放坡开挖，坡率 1:1 和 1:1.5，中间平台宽 2m。

二期工程（二期）：南站房基坑深 8.6m，宽 61.38m，长 142.58m，采用两级放坡开挖，坡率 1:1 和 1:1.5，中间平台宽 2m。

放坡处采用 100mm 厚 C20 网喷混凝土，铺设 ϕ8mm×200mm×200mm 钢筋网。

（二）桩基工程

本工程站房及雨棚基础为钻孔灌注桩，其中站房桩直径为 800mm，雨棚桩直径为 600~1000mm。有效桩长从 22~43m 不等，桩数量多、分布广、桩径大、施工周期长。

为确保桩基础施工周期，一期工程桩基施工计划配备：站房配备旋挖钻机 4 台，高架站房配置旋挖钻机 3 台；二期工程桩基施工计划配备：站房配备旋挖钻机 4 台，高架站房配置旋挖钻机 4 台。同时，按照各桩基施工区分别设置泥浆池，钢筋加工区沿场区内环形道路设置，钢筋笼加工成型后采用汽车吊吊至桩内。

（三）钢结构工程

1. 钢结构施工主要内容

根据本项目总体部署要求，钢结构同样分为一期、二期两个阶段进行施工。首先进行一期钢结构施工，然后进行二期钢结构施工。

一期钢结构主要包括：高架层屋盖北侧四榀钢桁架、V-J 至 V-G 轴线区域雨棚钢结构。

二期钢结构主要包括：高架层屋盖南侧剩余五榀钢桁架、V-G 轴线南侧雨棚钢结构。

2. 钢结构施工总体思路

（1）高架层屋盖钢桁架：该区域钢结构拟采用分段拼装、吊装的方法进行安装。

一期桁架（含檩条）采用汽车吊上楼面拼装、整体提升的方法进行安装；二期桁架及檩条采用分段吊装（与一期相连的次桁架）+整体提升的方法进行安装（后五榀桁架）。桁架吊装及提升分布如图 1 所示。

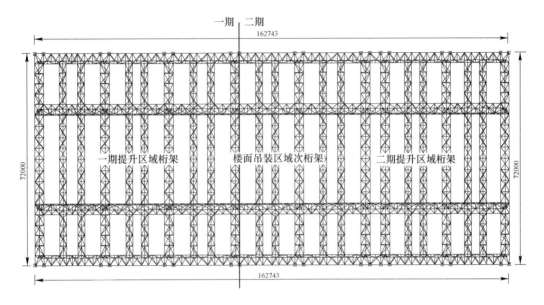

图 1　桁架吊装及提升分布示意图

（2）雨棚钢结构：雨棚钢结构施工时，混凝土看台还未施工，火车轨道也未铺设。汽车吊将行走在轨道标高（−1.30m 左右）进行雨棚钢结构吊装。雨棚施工分为两个阶段，首先与土建配合作业进行雨棚钢柱柱脚吊装；然后大面积展开作业面，进行上部钢柱及雨棚钢梁吊装。雨棚施工方向由西向东进行吊装。

（四）幕墙工程

本工程外装修对装修材料要求较高，幕墙石材形状复杂，异形石材非常多，需使用 BIM 技术对其进行深化设计，以达到降低成本、减少返工的目的。

四、钢结构工程 BIM 深化设计

（一）钢结构工程整体布置

整体结构轴测图如图 2 所示。

（二）高架层屋盖钢结构的三维模型

高架站房屋盖采用拱形空间钢管桁架结构，平面尺寸为 164m×72.0m。屋盖钢结构由 9 榀主桁架、14 榀次桁架、4 道纵向桁架组成。主桁架跨度 72m，截面高度 5m，矢高 7m，单榀重量约 80t。屋盖总重量约 1500t，材质 Q345C，主要采用圆管截面。桁架支座采用成品双向弹簧钢支座，共计 92 个。

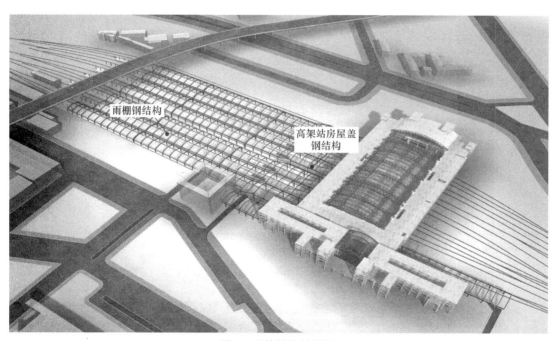

图 2   整体结构轴测图

高架站房屋盖钢结构轴测图如图 3 所示。三维模型如图 4~图 7 所示。

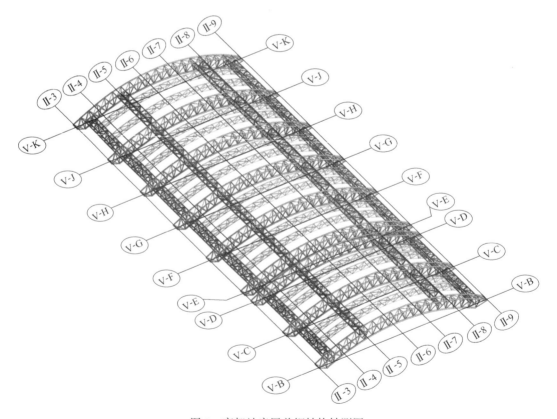

图 3   高架站房屋盖钢结构轴测图

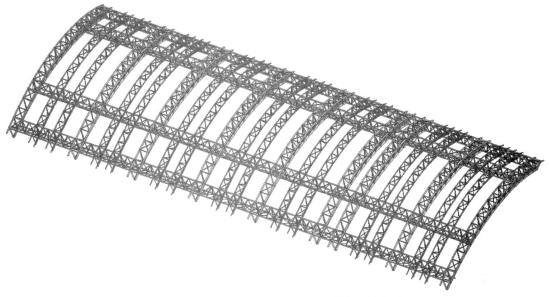

图 4　使用 Revit 深化设计的屋盖钢结构三维模型

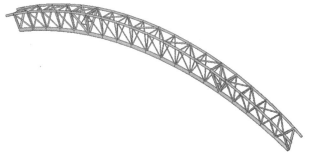

图 5　九榀三角形空间主桁架三维模型

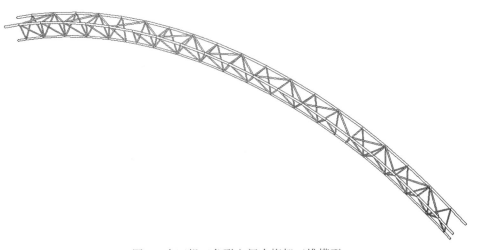

图 6　十四榀三角形空间次桁架三维模型

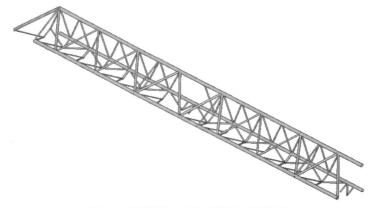

图 7　四道梯形空间连系桁架三维模型

(三) 高架站房屋盖钢结构安装流程

高架站房屋盖钢结构安装流程见表 1。

表 1　高架站房屋盖钢结构安装流程

1	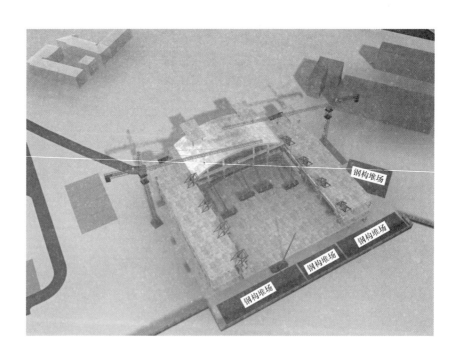
	屋面第一榀主桁架及两侧梯形桁架楼面拼装，同时利用总包塔吊进行提升架安装（布置于两侧混凝土楼面上）

续表1

2	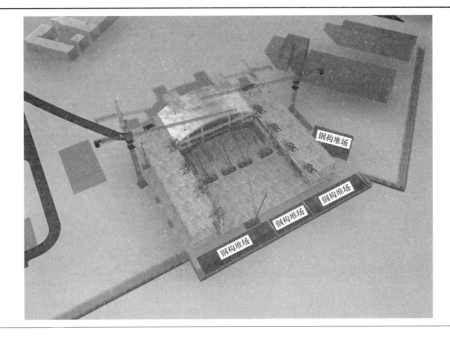
	继续进行两榀纵向梯形桁架楼面拼装
3	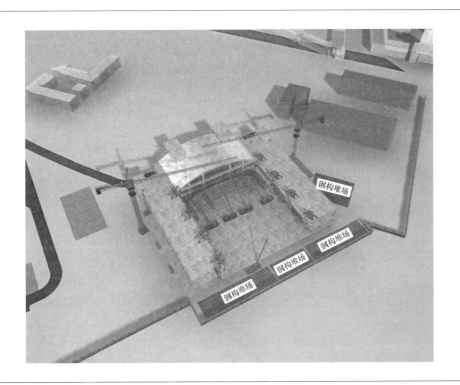
	拼装梯形桁架之间的三角形次桁架

4	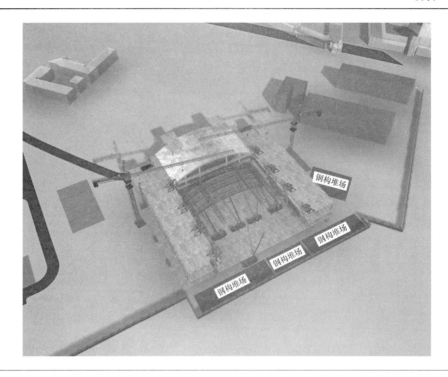
	进行第二榀主桁架及两侧梯形桁架拼装
5	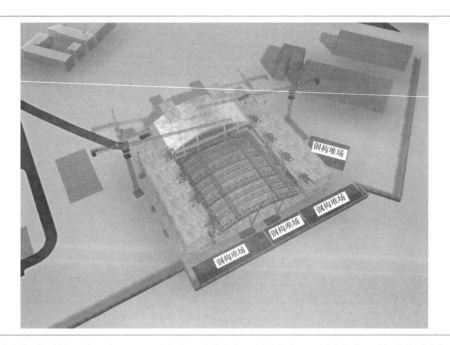
	按照相同的拼装顺序，将北区屋面桁架楼面拼装完成（拼装完成后，同时安装下弦钢绞线并施加一定的预应力）

6	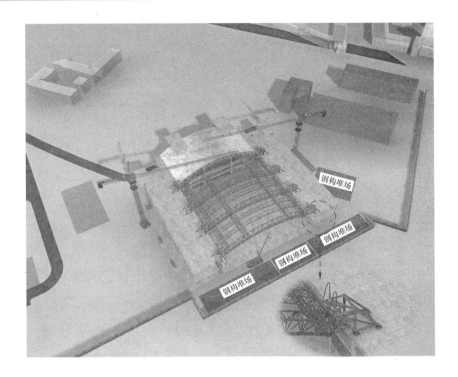
	北区屋面桁架整体提升到位，桁架两侧端部进行补杆

7	
	一期（北区）屋面钢结构施工完成

8	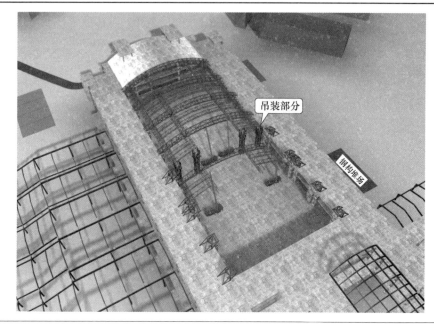 二期（南区）开始施工，首先楼面拼装与一期相连接的次桁架，然后采用 25t 汽车吊将次桁架吊装至安装位置（搭设支撑架）；同时进行其他桁架单元拼装
9	 吊装区域的桁架安装完成；后方屋面桁架继续楼面拼装

10	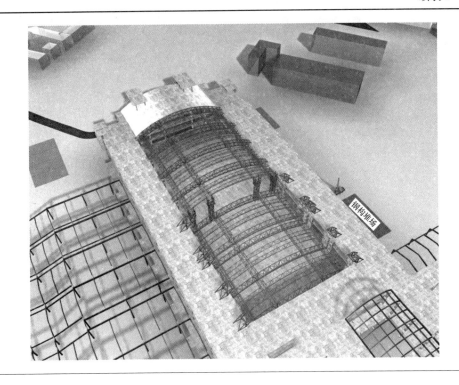
	按照相同的拼装顺序，二期（南区）屋面桁架楼面拼装完成
11	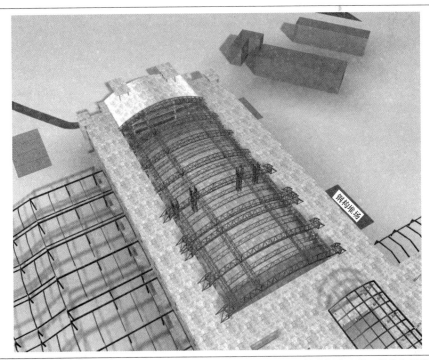
	二期（南区）桁架整体提升到位，主桁架两侧端部进行补杆，然后拆除提升工装；焊接与吊装区域相连接的构件

12

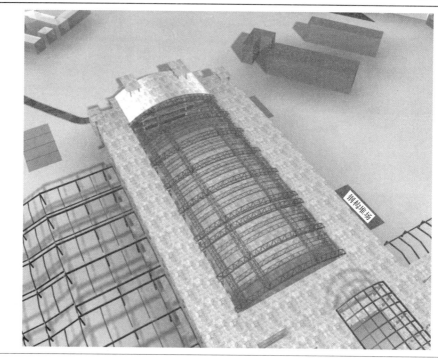

拆除支撑架，二期高架站房屋盖钢结构安装完成

（四）雨棚钢结构主要方案

雨棚钢结构轴测图如图 8 所示。

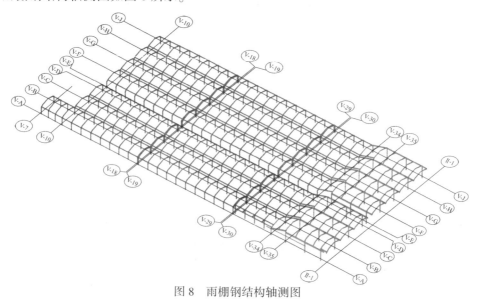

图 8　雨棚钢结构轴测图

（1）采用分段制作，现场拼接，整根吊装。构件分段：钢柱分为上柱、下柱两段，钢桁架分为两段运至现场拼装，整根吊装。桁架分段如图 9 所示。

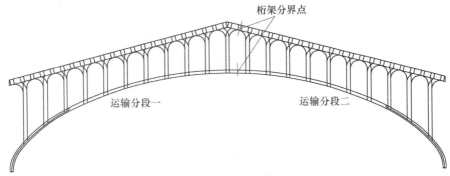

图 9　桁架分段示意图

（2）拼装机械：采用 25t 汽车吊负责构架吊装，16t 汽车吊负责构架现场拼装、倒运。

（3）钢柱、桁架吊装完成后，使用 16t 汽车吊安装屋面檩条。

（五）雨棚钢结构的三维模型

雨棚钢结构的三维模型如图 10 所示。

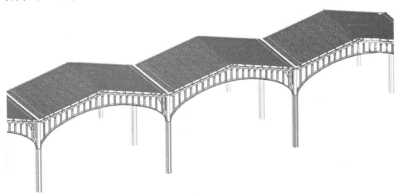

图 10　雨棚钢结构的三维模型

五、幕墙工程 BIM 深化设计

（一）幕墙工程的三维模型

幕墙工程的三维模型如图 11 所示。其中某块石材的细部构造模型如图 12 所示。

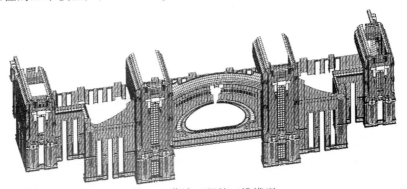

图 11　幕墙工程的三维模型

图 12　某块石材的细部构造模型

（二）幕墙工程应用 BIM 技术的意义

在装饰装修工程中应用 BIM 技术，可以在预定材料时有更详细的可视化的模型，相比于平面图纸，厂家更容易直观地了解、选择，从而达到节约成本、减少返工的目的。以上模型精细到每一块材料，不仅在施工中可以应用，在投入使用之后，如果部件发生损坏，也可以很快地找到需要重新预定的相应部件，十分方便。由此可见，BIM 技术应用于装饰装修工程有较好的实用效果。

6.3　学生生产实习日记节选

实习指导老师：章慧蓉、于成江、于伯祯（中建八局）
实习学生：北京工业大学土木工程专业 09 级学生

土木工程生产实习日记（一周日记节选）

9 月 3 日　星期一　晴

今天，我们在指导老师的带领下来到了某住宅工地进行为期一个月的施工实习。在老师的引荐下，我们认识了我们的校友——于经理。首先，于经理为我们讲解了土木工程专业毕业生的就业方向，这对我真的有帮助！以前经常有人会问，"等你毕业之后想干什么呀"之类的问题，虽然我作为土木专业的学生学习了近三年，学习成绩也还算不错，可对于步入社会、参加工作这个大领域来说，我既了解不多也没什么概念。听了于经理的讲解，我依稀有了方向。

之后，于经理帮我们抱来了几大摞图纸，包括住宅楼 4、7、8、9 号楼的结构图、建筑图等。第一次翻正式的图纸，我不知道从哪儿看起。于经理为我们进行了指点，讲解了平法施工图的识图方法。

平法就是用平面来表达结构尺寸、标高、构造、配筋等的绘图方法，是用在建筑里面的结构施工图；过去的结构施工图有剖面的表达，就是把结构图中的各构件剖开，通过剖面形式来反映构件的截面大小和钢筋尺寸，但信息表达重复、杂乱，现在基本不再大规模使用，只是作为一种补充出现在结构图中。

平法施工图，直接在结构平面图上把构件的信息（截面、钢筋、跨度、编号等）标在旁边，整体直接表达在各类构件的结构平面布置图上，再与标准构造详图相配合，即构成一套新型完整的结构设计。这种方法改变了传统的那种将构件从结构平面布置图中引出来，再逐个绘制配筋详图的繁琐方法。

于经理指导我们学习《11G101-1图集》，上面有大量的案例和讲解。

经过自学和于经理的讲解，我们对施工图有了一个初步的认识，虽然在实习结束的时候还是没能完全独立地阅读施工图，但已经比没有进行施工实习的时候进步多了。

看来，施工的技术在不断的更新，我们在学校学的施工图表现手法已经落后了，所以要多多走出校园，到真正的现场看一看。

9月4日　星期二　晴

今天上午于经理花了很长的时间和精力，为我们细致地讲解了施工资料的软件编制和填写，并且介绍了他当年在做施工员填写施工资料时的经验和体会。虽然听得懵懵懂懂，但有一点体会较为深刻，即施工员在资料填写时所必须做到的就是细致和认真！所谓细致，就是在填写资料表格时所涉及的每一项内容必须填写到位，并且要严格符合规范；所谓认真，就是在填写数据时要保证准确无误。于经理说，进入施工单位的土木毕业生大多都要从施工员干起，免不了长时间的干这种繁琐、重复性工作，很累很辛苦，但通过这样的工作，能熟练地掌握规范的内容，对监理或预算的工作很有帮助。我想，无论做哪一种工作，到最后都是会有所收获的，只要有心、用心去做每一件事，总会有意想不到的收获的！

下午，在于经理的讲解下，我终于感性并且理性地了解了施工组织设计的编制及重要意义！施工组织设计不仅是工程参建各方相互沟通、相互配合、相互促进的必要文件，也是项目部施工能力和施工思路的具体反映，还是指导项目部具体施工的纲领性文件，更是工程资料的重要组成部分！

在组织流水施工时，通常把施工对象划分为劳动量相等或大致相等的若干个段，这些段称为施工段。每一个施工段在某一段时间内只供给一个施工过程使用。施工段可以是固定的，也可以是不固定的。在固定施工段的情况下，所有施工过程都采用同样的施工段，施工段的分界对所有施工过程来说都是固定不变的。在不固定施工段的情况下，对不同的施工过程分别规定出一种施工段划分方法，施工段的分界对于不同的施工过程是不同的。固定的施工段便于组织流水施工，采用较广，而不固定的施工段则较少采用。

在划分施工段时应考虑以下几点：

（1）施工段的分界同施工对象的结构界限（温度缝、沉降缝和建筑单元等）尽可能一致；

（2）各施工段上所消耗的劳动量尽可能相近；

（3）划分的段数不宜过多，以免使工期延长；

（4）对各施工过程均应有足够的工作面。

9月5日　星期三　多云

今天，我们跟随于经理来到工地，参观了陶粒混凝土砌块的砌筑，图1所示右侧堆砌的是陶粒混凝土砌块。

图1　陶粒混凝土砌块（右侧堆砌）

同时也了解到了砌筑的工艺流程和施工要点，具体如下。

施工工艺流程：楼面清理→墙体放线→立皮数杆→制备砌筑砂浆→砌块排列→铺砂浆→砌块就位→校正→砌筑→竖缝灌砂浆→勾缝→验收。

施工要点：

（1）砌筑前将楼面清扫干净，并弹出墙身线、门窗洞口及50标高线。

（2）根据各段墙身的细部尺寸进行排砖撂底（根据砌块模数进行排砖，对构造柱尺寸可作适当调整），使组砌方法合理，以便于操作；砌块排列尽量采用主规格砌块，减少品种，减少切割开缝，以保证墙体良好的整体性。

（3）砌块砌筑时，在天气干燥炎热的情况下可提前洒水湿润砌块；砌块表面有浮水时不得施工。

（4）砌筑时采用"披灰挤浆"法，先用瓦刀在砌块底面的周肋上满披灰浆，铺灰长度不得超过800mm，再在待砌的砌块端头满披头灰，然后双手搬运砌块，进行挤浆砌筑。砌筑时上下皮错缝搭砌，搭接长度为200mm（或砖长的1/2），每两皮一循环，搭接长度不应小于90mm，墙体的个别部位不能满足要求时，在灰缝中设置$2 \times \phi6mm$的拉接钢筋，拉接钢筋的长度应不小于300mm，但竖向通缝仍不能超过两皮砌块。

（5）各楼层填充墙下采用页岩砖砌筑200mm高，厚度同相应墙宽。

（6）砌筑陶粒混凝土砌块时砌筑需遵守"反砌"原则，即陶粒空心砌块底面向上砌筑。砌筑应尽量采用主规格砌块（T字交接处和十字交接处等部位除外），从转角或定位处开始向一侧进行。掉角严重的砌块不使用。

（7）水平灰缝应平直道顺、厚度均匀、砂浆饱满，按净面积计算的砂浆饱满度不应低于90%，水平缝不大于12mm，一般应控制在8~12mm。应边砌边勾缝，严禁出现透明缝。竖向灰缝应采用加浆方法，使其砂浆饱满，砂浆饱满度不应低于80%，不得出现瞎缝、透明缝、假缝。待砌完一皮砌块后，在竖向灰缝两旁装上夹板灌砂浆，直至灌满。等到砂浆开始硬化不流淌时，即可卸掉夹板。

（8）每天砌筑高度不得超过1.5m，在砌筑砂浆终凝前后的时间应将灰缝刮平。

（9）砌体墙体沉实后（砌体砌筑并应至少间隔 7 天后），再用页岩砖把下部砌体与上部板、梁间斜砌挤紧，砖的倾斜度约为 75°，砂浆应饱满密实。沿墙长在楼板底或梁底留出间距 1500mm 的 2×φ6mm 拉接钢筋，锚入梁内 200mm，留出 400mm 锚入墙内。在对应拉筋处，墙体留出宽 120mm、高 400mm 的竖缝，将预留筋置入缝内后，浇注 C20 细石混凝土。

（10）砌块在砌筑时要随吊、随靠，以保证墙体垂直、平整。

（11）施工需要的孔洞、管道竖槽、预埋件等在砌筑时预留好，不允许在砌筑完后剔凿。如有遗漏，在墙体砌筑好后再开设，应待砂浆强度达到要求后，在预埋位置弹线，用切割机沿线切槽（切割前与土建办理手续后方可切割），不得手工剔凿，预埋后用 C20 细石混凝土填实抹平，并应在槽面上加贴耐碱玻纤网格布，防止开裂。

9 月 6 日　星期四　多云

今天继续参观砌筑工程，也了解了砌体结构各部位构造做法与砌筑的工艺流程和施工要点，具体如下。

（1）马牙槎：马牙槎是砖墙留槎处的一种砌筑方法。马牙槎有大马牙槎和小马牙槎两种方法。小马牙槎指砌墙时在留槎处每隔一皮砖伸出 1/4 砖长，以备以后接槎时插入相应的砖。这种接槎属直槎，一般不宜使用，如果因特殊原因必须使用时，应在接槎处预留拉接钢筋。大马牙槎是用于抗震区设置构造柱时砖墙与构造柱相交处的砌筑方法，砌墙时在构造柱处每隔五皮砖伸出 1/4 砖长，伸出的皮数也是五皮，同时也要按规定预留拉接钢筋。目的是在浇筑构造柱时使墙体与构造柱结合得更牢固，更利于抗震。

（2）砖墙上的斜砌：砖墙上的斜砌就是在砖墙顶部留 20cm 左右暂时不砌，将未完工的砖墙放置 7 天，再将砖立起成一定角度斜着砌到预留部位，作用是使砖墙间的砂灰强度稳定，顶部不会出现裂缝。

（3）导墙：建筑物混凝土垫层与底板之间需做一层防水卷材，导墙就是用页岩砖沿着垫层四周砌筑一圈，通常为 300mm 高，卷材也顺着导墙卷到立面上来，然后再做底板。

（4）砖或砌块在砌筑前应在表面洒水：砖或砌块含有空洞，在砌筑前应洒足够的水，以免其吸收水泥砂浆中的水分，使得建筑强度不够。

9 月 7 日　星期四　多云

今天我们跟随于经理来到工地，继续参观了砌筑工程，也了解了砌体结构的过梁、现浇混凝土板带和构造柱等部位的构造做法及砌筑的工艺流程和施工要点，具体如下。

（1）过梁：宽度超过 300mm 的门窗洞口上部均设置过梁，钢筋混凝土过梁在砌体墙上的支承长度每边不小于 250mm（过梁长度 = 洞口宽 +500mm），过梁混凝土强度等级为 C20。过梁构造如图 2 所示。

（2）现浇混凝土板带：墙体的高度 $H>4$m 时，在墙体中部设置一道现浇混凝土板带（图 3）。板带截面尺寸为墙厚×200mm 高，配筋为主筋 4×φ10mm，箍筋为 φ6mm×200mm。当墙体的高度 $H\geqslant5$m 时，沿墙体三等分点处设置两道现浇混凝土板带（图 4）。板带截面尺寸为墙厚×200mm 高，配筋为主筋 4×φ12mm，箍筋为 φ6mm×200mm。现浇混凝土板带钢筋植入主体结构框架柱、混凝土墙内；钢筋采用绑扎搭接，搭接长度为 500mm。混凝土强度等级为 C20。

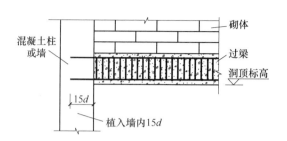

图 2   过梁构造示意图

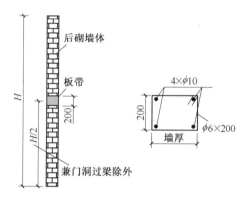

图 3   现浇混凝土板带构造示意图

（H=4~5m）

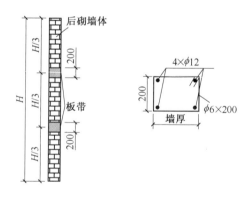

图 4   现浇混凝土板带构造示意图

（H≥5m）

（3）构造柱：砌块墙体长度超过层高 2 倍时，在墙体中部设置钢筋混凝土构造柱，构造柱截面尺寸为墙厚×200mm，主筋为 4×ϕ12mm（Ⅱ级钢），箍筋 ϕ6mm×200mm，混凝土强度等级为 C20。构造柱上、下端各 600mm 范围内箍筋加密，加密区间距 ϕ6mm×100mm。

加气块填充墙的构造柱留槎如图 5 所示。

图 5　加气块填充墙的构造柱留槎示意图

（4）墙内拉筋：填充墙与结构墙、柱连接处设置拉接钢筋，拉接筋沿墙高间距 400mm，设 2 根 ϕ6mm 钢筋沿墙全长贯通布置，砌墙时将钢筋平铺在水平灰缝内，拉接钢筋两端锚入结构混凝土内 $\geqslant 15d$。钢筋采用绑扎搭接，接头错开且搭接长度 $\geqslant 35d$。

6.4　学生生产实习总结报告节选

实习指导老师：章慧蓉、于成江、于伯祯（中建八局）
实习学生：北京工业大学土木工程专业 09 级学生

土木工程生产实习总结报告

一、实习目的

通过接触和参与某市住宅建设项目的教学实践课程，增加学生对工程现场施工及验收的理性和感性认识，使学生对施工组织及施工方案进行学习与思考、提出问题，激发学生的学习热情，了解专业课程所涉及的内容，对专业课的学习进行巩固和复习；通过对施工现场的参观及技术人员、指导老师的讲解，使学生了解主要施工过程，充实扩大学生的知识面，锻炼学生对于实际问题的分析能力和综合运用所学知识的能力，培养学生认真主动的工作作风和学习态度。

二、实习内容

（1）施工资料编制；
（2）进度计划编制；
（3）水准仪的使用；
（4）平法施工图识图；

（5）钢筋放样；

（6）11G 图集介绍；

（7）钢筋算量；

（8）材料检验实验；

（9）施工组织设计、施工方案学习（模板、防水、二次结构）；

（10）现场学习。

三、实习工程概况

本工程位于某市某区某路 15 号，东临东四环中路，南临广渠路，西临大郊亭中路，北临百子湾南路，总建筑面积 163494m²，其中地上建筑面积 125222m²，地下建筑面积 38272m²，共有 8 栋住宅和一个地下车库，如图 1 所示。本工程住宅楼全现浇钢筋混凝土结构体系，采用剪力墙结构，地下车库采用框架结构。抗震设防烈度为 8 度，住宅楼采用 CFG 桩复合地基，钢筋混凝土筏板基础。地下车库采用天然地基，钢筋混凝土筏板基础。

图 1　某住宅建设项目的施工现场

四、实习的内容和收获

第一部分：现场实践学习

1. 测量工程——水准仪的调平、移"一米线"、抄平、求高程

（1）水准仪的调平（于经理传授的工程专业调平法，既准确又快速）：

1）先用三脚架的一脚为基点，调整另外两脚，使三角形底板大致水平；将三脚架的三脚牢固地固定于地面上以避免外界因素的扰动；

2）固定水准仪；

3）通过调整地盘上的螺旋钮使水泡处于居中位置（气泡偏向哪只手边，同时调节哪边的两个旋钮使气泡居中）；

4）将水准仪旋转180°，进行二次调平。

（2）移"一米线"：要求：将一层柱 A 的一米线（已知）移至二层柱 C 上。需知道两层间的层高，利用卷尺（施工中通常不用端部即"0cm"位置，而是以"10cm"处作为起点，以便减少误差）量出一个层高的长度，将一层的"一米线"移至二层的柱子上。

（3）抄平：

1）将水准尺下端对准"一米线"并与之持平，从水准仪目镜读出水准尺读数 a（四位）；

2）水准仪不动，物镜对准前视点，通过看测量人员手势调整水准尺，使十字丝位置与水准尺上 a 读数的位置重合，在水准尺下端处画出测点 2 的"一米线"位置。

A 为"一米线"（后视点）已知绝对标高；a 为后视读数（水准尺）。

2. 协助工程师进行工程检查、验收

因为工程以"长城杯"为标准，所以必须要在每一道工序上进行严格的检验和验收。我们每天基本上都要随着工程师到现场进行检验。检验内容包括对砌体工程、隐蔽工程的检验。跟着工程师检验各楼层，学习到了如何解决施工中出现的技术问题，各种工程的质量标准及验收方法。模板验收中主要检查板缝是否封堵严密、垂直度是否合格。钢筋验收则检查墙体的保护层厚度、箍筋间距、梯子筋以及暗柱梁的配筋是否搭接正确。抹灰装修则主要检查阴阳角是否垂直、有无明显的线条、墙体是否垂直等。质量检查现场如图 2 和图 3 所示。

图 2 质量检查现场 1

3. 梁板柱混凝土的回弹测量——混凝土回弹仪的用途、操作方法、原理及特点

（1）混凝土回弹仪用途：混凝土回弹仪适于检测一般建筑构件、桥梁及各种混凝土构件（板、梁、柱、桥架）的强度，如图 4 所示。

（2）混凝土回弹仪操作方法：在操作回弹仪的全过程中都应注意持握回弹仪姿势，

图 3　质量检查现场 2

图 4　混凝土回弹仪示意图

一手握住回弹仪中间部位，起扶正的作用；另一手握压仪器的尾部，对仪器施加压力，同时也起辅助扶正作用。回弹仪的操作要领是：保证回弹仪轴线与混凝土测试面始终垂直，用力均匀缓慢，扶正对准测试面，慢推进，快读数。

（3）混凝土回弹仪回弹值的测量：

1）检测时回弹仪的轴线应始终垂直于结构或构件的检测面，缓慢施压，准确读数，快速复位。

2）测点宜在测区内均匀分布，相邻两点的净距离不宜小于 2cm；测点距外露钢筋、预埋件的距离不宜小于 3cm。测点不应分布在气孔或外露石子上，同一点只能弹一次。每一测区记录 16 个回弹值，每一测点的回弹值精确到 1。

（4）混凝土回弹仪的原理：混凝土回弹仪使用一弹簧驱动弹击锤，并通过弹击杆弹击混凝土表面所产生的瞬时弹性变形的恢复力，使弹击锤带动指针弹回并指示出弹回的距离。以回弹值（弹回的距离与冲击前弹击锤与弹击杆的距离之比，按百分比计算）作为混凝土抗压强度相关的指标之一，来推定混凝土的抗压强度。

（5）混凝土回弹仪测量特点：轻便（比同类产品省力 2/3）、灵活、价廉、不需电源、易掌握、按钮采用拉伸工艺不易脱落、指针易于调节摩擦力，是适合现场使用的无损检测的首选仪器。

第二部分：施工工程必备知识的扩展学习

1. 钢筋图集——钢筋的搭接、搭接长度、锚固长度、弯折长度、加密区高度及吊筋等

（1）钢筋的搭接：工程中钢筋的搭接有两种方法：

1）当钢筋直径小于18mm时，多采用绑扎的方法（常见于板中钢筋的搭接）；

2）当钢筋直径大于18mm时，多采用直螺纹套筒的方法（常见于梁、柱中钢筋的搭接）。

（2）搭接长度（不同钢筋上的相邻接头距离必须不小于500mm）：

1）绑扎搭接的搭接长度：锚固长度×修正系数（数值由搭接接头的百分率确定——1个接头处的1.3倍搭接长度范围内的接头数比上钢筋总数）；

2）直螺纹套筒搭接的搭接长度：锚固长度×修正系数（数值由搭接接头的百分率确定——1个接头处的35倍钢筋直径范围内的接头数比上钢筋总数）。

（3）锚固长度：1.15(抗震修正系数)×理论锚固长度×1.10(钢筋直径大于25mm时的修正系数)。

1）底板锚固长度：12d；

2）梁的锚固长度：15d；

3）插筋的预埋锚固长度：15d；

4）植筋的锚固长度：15d。

（4）收头弯折长度：12d。

（5）箍筋弯折长度：10d。

（6）加密区高度：柱底向上1/6层高处开始为加密区高度（当柱的截面尺寸较大时需查图集）。

（7）吊筋：次梁与主梁交界处，在主梁高度范围内受到次梁传来的集中荷载的作用。集中荷载并非作用在主梁顶面，而是靠次梁的剪压区传递至主梁的腹部。所以在主梁局部长度上将引起主拉应力，特别是当集中荷载作用在主梁的受拉区时，会在梁腹部产生斜裂缝，而引起局部破坏。为此，需设置附件横向钢筋即箍筋和吊筋，把此集中荷载传至主梁顶部受压区。

2. 地基钎探工程——排列方式、钎探工艺流程、锤击数的记录及灌砂

（1）排列方式：钎探孔的排列方式采用梅花型，间距1.5m，孔深1.5m。

（2）钎探工艺流程：确定打钎顺序（放钎点线）→就位打钎→记录锤击数→整理记录→拔钎盖孔→检查孔深→灌砂。

（3）记录锤击数：钎杆每打入土层30cm记录一次锤击数。钎探深为1.5m，或一次锤击数超过100次并且不再下沉时，即可停止打钎。

（4）灌砂：灌砂时每填入30cm左右，需用钢筋捣实一次。

3. 施工组织设计的编制——编制意义、文件种类、编制内容

（1）编制意义：施工组织设计不仅是工程参建各方相互沟通、相互配合、相互促进的必要文件，也是项目部施工能力和施工思路的具体反映，还是指导项目部具体施工的纲领性文件，更是工程资料的重要组成部分。

（2）文件种类：施工组织设计分为施工组织总设计（以若干单位工程组成的群体工程或特大型项目为主要对象编制的施工组织设计，对整个项目的施工过程起统筹规划、重点控制的作用）、单位工程施工组织设计（以单位工程为主要对象编制的施工组织设计，

对单位工程的施工过程起指导和制约作用）及施工方案（以分部工程或专项工程为主要对象编制的施工技术与组织方案，用以具体指导其施工过程）。

（3）编制内容：一份施工组织设计应涵盖编制依据（包括与工程建设有关的法律、法规和文件；国家现行有关标准和技术经济指标；工程所在地区行政主管部门的批准文件，建设单位对施工的要求；工程施工合同或招标投标文件；工程设计文件；工程施工范围内的现场条件，工程地质及水文地质、气象等自然条件等）、工程概况（项目名称、性质、地理位置和建设规模；项目的建设、勘察、设计和监理等相关单位的情况；项目设计概况；项目承包范围及主要分包工程范围；施工合同或招标文件对项目施工的重点要求；项目建设地点气象状况等内容）、总体施工部署（包括工程管理目标、项目部组织机构、施工流水段的划分及施工工艺流程）、施工准备（包括施工技术准备、现场准备、劳动力计划、材料计划、机械设备计划、资金计划等）、施工进度计划及保证工期措施、施工总平面布置、主要分部分项工程施工方法、质量保证措施、降低成本措施、安全保证措施、环境保护及文明施工措施、季节施工措施等的相关内容。

4. 结构施工图及建筑施工图的预算——工程预算概念、分类及体会

（1）工程预算概念：工程预算是对工程项目在未来一定时期内的收入和支出情况所做的计划。它是加强企业管理、实行经济核算、考核工程成本、编制施工计划的依据；也是工程招投标报价和确定工程造价的主要依据。

（2）工程预算分类：按照国家规定基本建设工程预算是随同建设程序分阶段进行的。由于各阶段的预算制基础和工作深度不同，基本建设工程预算可以分为两类，即概算和预算。概算有可行性研究投资估算和初步设计概算两种，预算又有施工图设计预算和施工预算之分，基本建设工程预算是上述估算、概算和预算的总称。

分部工程是单位工程的组成部分，是单位工程中分解出来的结构更小的工程。如一般的土建工程，按其工程结构可分为基础、墙体、梁柱、楼板、地面、门窗、屋面、装饰等几个部分。由于每部分都是由不同工种的工人利用不同的工具和材料来完成的，因此，在编制预算时，为了计算工料等方便，就按照所用工种和材料结构的不同，把土建工程综合划分为以下几个分部工程：基础工程、墙体工程、梁柱工程、门窗木装修工程、楼地工程、屋面工程、耐酸防腐工程、构筑物工程等。

（3）体会：首先，预算工作需要十二分的细致与细心，因为每一项施工总说明及其图纸中细则部分如大样图、字体标注类信息都要留意到，对于钢筋编号及混凝土强度等级不同处也要有大体把握，并将其汇总、列表后进行下一步具体计算，在计算结构用料时，要依据施工图集及国家规范细致到锚固长度、收口的数据，包括在查找图纸对应结构的过程中也需耐心与细心；其次，预算工作要对施工图集及国家规范轻车熟路；再次，我理解预算工作需要对整套施工图的一种整体的、宏观的把握，了解其构成部分即结构层次后再逐渐细化各部分的详图做法，而不是上来直接考虑细节构造做法，过分地看重细节而忽略了整体的把握。

5. 施工工程专项试验——回填土试验、混凝土抗压强度试验、防水试验、植筋抗拔试验、钢筋和直螺纹套筒的检验

（1）回填土试验：回填土施工前，会同业主、监理和土方开挖单位办理隐蔽验收手

续，并对填方量进行认可；回填前应先清除基底的杂物及碎砖等建筑垃圾，清除淤泥等杂物，并采取措施防止地表水流入填方区浸泡地基；施工前根据设计要求的压实系数0.95对现场土料进行取样，试验确定土料的最大干密度。

每层灰土回填夯实后（夯打密实：夯打前需将填土初步整平，蛙式打夯机依次夯打，均匀分开，不留间歇；夯打的遍数应依据现场试验确定，且不少于三遍，夯打应当一夯压半夯，夯夯相接，行行相接，纵横交叉，两遍纵横交叉，分层夯实；夯打路线为：由四周开始向中间推进），按照每层三个试验点进行环刀取样，测出土的质量密度，通过现场取样回填土达到设计要求后方可进行上层土方的回填铺摊。环刀取土的压实系数本工程要求不小于0.95。填土最上一层完工后，委托专业检测单位进行击实度实验，并出具相关地基承载力报告。

灰土回填施工时必须保证每层灰土夯实后都测定土的质量密度，符合要求后才能铺摊上层灰土（未经验收或验收未通过的严禁进行下道工序施工）。在试验报告中，注明土料种类、配合比、试验日期、层数、结论、试验人员签字等内容。密度未达到设计要求的部位，均应有处理方法和复查结果。

（2）混凝土抗压强度试验：在浇筑底板混凝土时，会同监理单位、预拌混凝土供应商等进行混凝土开盘鉴定，填写开盘鉴定表格，并留置标准养护试块，作为验证配合比的依据。

浇筑前对混凝土泵管进行检查，合格后方可进行浇筑，浇筑混凝土时首先在泵管内泵送 $1m^3$ 与混凝土同配合比的砂浆，对管道进行湿润，砂浆分散浇筑，不得浇筑在同一地方。

现场设立标准养护室，在浇筑现场按规定制作混凝土试块后，转入标准养护室进行养护。混凝土试块按规定留置，设专人负责。并注意测定混凝土的坍落度。

（3）防水试验：卷材进场必须有"三证一标"，并现场进行抽样检查验收，验收内容包括规格、外观质量检验和物理性能试验。按规范要求每1000卷抽1组进行复验；取样必须在监理的见证下随机抽取，然后送承担本工程见证试验的试验室做化验，合格后方可进行施工。

规格、外观质量检查：按要求抽取卷材试样，开卷进行检查，全部指标达到标准规定时即为合格。其中有一项指标达不到要求应在受检产品中加倍取样复验，全部达到标准规定即为合格。复检时有一项指标不合格，则认为该批产品外观不合格。其外观应符合以下要求：

1）卷材卷紧、卷齐，端面里进外出不超过10mm；

2）卷材易于展开，不粘结；

3）胎基必须浸透，卷材表面平整，无孔洞、缺边、裂口；

4）每卷卷材接头不超过一个，较短的一段不应小于1500mm。

（4）植筋抗拔试验：一般植筋72h后可采用拉力计（千斤顶）加载方式对所植钢筋进行拉拔试验。为减少千斤顶对锚筋附近混凝土的约束，下用槽钢或支架架空，支点距离 $\geq \max(3d, 60mm)$。然后匀速加载 $2\sim3min$（或采用分级加载），直至破坏。破坏模式分为钢筋破坏（钢筋拉断）、胶筋截面破坏（钢筋沿结构胶、钢筋界面拔出）、混合破坏（上部混凝土锥体破坏，下部沿结构胶、混凝土界面拔出）3种，结构构件植筋，破坏模式宜控制为钢筋拉断。当做非破坏性检验时，最大加载值可取为 $0.95A_s f_{yk}$（A_s 为钢筋截面面积；f_{yk} 为钢筋屈服强度）。抽检数量可按每种钢筋植筋数量的 0.1% 确定，但不应少于 3 根。

（5）钢筋和直螺纹套筒的检验：进场钢筋符合设计要求，有出厂合格证，进场后由钢筋工长负责检查，按钢筋品种、规格分类验收，并进行标识。由试验员负责钢筋现场取样，进行复试。材料检验复试合格后，将试验结果报送监理，监理通过后，按照钢筋下料单进行钢筋加工。钢筋表面应无老锈和油污，钢筋应平直、无损伤。

钢筋的抗拉强度实测值与屈服强度实测值的比值不应小于 1.25；钢筋的屈服强度实测值与强度标准值的比值不应大于 1.3。

连接套材料选用性能不低于 45 号优质碳素结构钢或其他经试验确认符合要求的钢材。

绑扎铁丝采用 20~22 号铁丝（火烧丝），铁丝的切断长度要满足使用要求。

套筒进场时检查套筒外观尺寸质量，检查和存档套筒供货单位提供的有效形式检验报告。

钢筋连接作业开始前及施工过程中，应对每批进场钢筋进行接头工艺检验，工艺检验应符合下列要求：

1）每种规格钢筋的接头试件不应少于 3 根；

2）接头试件的钢筋母材应进行抗拉强度试验；

3）3 根接头试件的抗拉强度均不应小于该级别钢筋抗拉强度的标准值，同时尚应大于等于 0.9 倍钢筋母材的实际抗拉强度。

接头的现场检验按验收批进行，同一施工条件下的同一批材料的同等级同规格接头，以 500 个为一个验收批进行检验与验收，不足 500 个也作为一个验收批。

对接头的每一验收批，应在工程结构中随机截取 3 个试件作单向拉伸试验，按设计要求的接头性能等级进行检验与评定，并填写接头拉伸试验报告。当 3 个试件单向拉伸试验结果均符合《钢筋机械连接通用技术规程》（JGJ107—96）中 I 级的规定时，该验收批评定为合格。如有 1 个试件的强度不符合要求，应再取 6 个试件进行复检，复检中如仍有 1 个试件验收结果不符合要求，则该验收批评定为不合格。

在现场连续检验 10 个验收批，全部单向拉伸试件一次抽样合格时，验收批接头数量可扩大一倍。

第三部分：实习的体会和收获

一个月的实习结束了，时间虽短，但是让我对土建行业有了更深的了解，具体如下：

（1）安全第一。这是最重要的问题，因为在工地上绝大多数的标语是与安全有关的，以人为本，只有把握了对生命的尊重，才能有一流的技术去施工。

一个亲身经历的事件让我印象非常深刻：在一次检查乘坐外挂电梯时，一个施工员主动去开电梯外门，被一个领导呵斥了，因为他违反了操作规程；"司机是干嘛的?! 违反操作规程，你现在就可以走了。"那个领导原话就是这样，语气非常严厉。从这个事件中我学到了在项目上，纪律和规程是最重要的，因为它涉及安全问题，必须要严肃对待。

（2）从事施工工作一定要有责任心。有了责任心，才会对工程负责，相反，如果没有责任心，拿包工队的灰色收入，检查的时候马马虎虎，那一定会存在安全隐患。

（3）细心。作为一个施工技术和管理人员，细心也是必备的，从小的测量土方说起，1mm 的失误也会引起不必要的麻烦及工作量的浪费。所以，每一项工程开工前，都要进行洽商和多方领导确认签字，同时对于细节要认真把握。

（4）坚持。这是对自己说的。工地的生活无趣、单调，但是只要坚持，从一点一滴，从最小的测量、记数据开始做，慢慢总会有所收获。

最后，非常感谢学校老师和施工企业的项目经理为自己提供了一个良好的实习机会，让自己能在毕业之前接触现场，接触社会；感谢在实习过程中帮助过我的人，不仅让我学会了如何将理论与实际相结合，更重要的是让自己学会了如何做人、做事。

7 土木工程施工生产实习优秀成果案例

7.1 《土木工程施工》本科教学获奖课件成果

由于土木工程施工中的新材料、新技术发展很快，教材往往难以及时跟上新技术的发展，需要解决教材滞后与技术发展迅速的矛盾，因此在教学中及时跟踪最新的土木工程施工与管理的最新技术发展，动态更新教学内容，使学生尽快掌握工程新材料、新工艺、新技术、新设备的有关知识和应用，具有现实意义。

计算机多媒体教学可以集文字、数据、图片、音响、录像等多种教学信息于一体，能给予学生更多的感官刺激，以强化学生对陌生的实践过程和难以想象的抽象概念的认识和理解。因此它具有信息功能强、教学效率高、形式新颖活泼、令人喜闻乐见的特点，是提高教学质量的良好途径。将在施工现场拍摄到的施工工艺的图片和影像资料应用于施工课件的制作，使得讲课中一些较抽象的内容，如混凝土浇筑的操作方法等变得直观、易懂，以往课程中难以演示的施工机具，也可以采用实际的图片进行介绍，简单、易学，取得了很好的教学效果。

2007 年授课老师制作的《土木工程施工》课件获得了中国土木工程学会教育工作委员会组织的"首届全国高等学校土木工程专业多媒体教学课件竞赛"一等奖（见图 7-1 和图 7-2）。

图 7-1　获奖课件的奖状

课件中主要包括："生产实习教学内容"，选择此项后开始播放课程，学生可以通过下拉菜单选择需要了解的实习内容；在"实习案例演示"中，给出了 4 个具有代表性的实际工程案例，分别是商贸中心——华贸中心工程、体育场馆——鸟巢工程、办公楼工程——北京万达广场、住宅楼工程——中灿苑小区，方便学生对在施工现场进行实习的部分

图 7-2 获奖课件首页

学习和生活片断有所了解，对施工现场和实际工程中常见的大型机具和施工方法有感性的认识。

案例演示中采用了滑杆操控和多个操作按钮，便于学生便捷地选择放映、返回等。在"安全生产知识问答"中，通过问答方式，帮助学生掌握初次进入工地时必须掌握的安全生产基本知识和注意事项。在"生产实习角色体验"选项中，学生可以体验在实习工地的具体实践，为学生开拓视野打下了很好的基础，也激发了学生学习和思考的兴趣，很多同学看过课件后，自发地在实践过程中录制视频，并且组织编辑和制作，为今后的学生实践和教学使用留下了宝贵的素材，也在制作过程中锻炼了他们团队的协作精神和创造能力，如图 7-3~图 7-8 所示。

图 7-3 获奖课件中的"安全生产知识问答"

获奖课件应用 Authorware7.0 软件制作，可以直接生成 .exe 文件，点击"实践教学课件 .exe"即执行放映，非常方便，也非常适合在网络环境下使用。课件的大部分内容，包括图片和视频等在学校《土木工程施工》网站上都可以进行浏览。课件在多届《土木工程施工》生产实习动员中使用，学生反映良好。课件中的 4 个视频案例不仅是《土木工程施工》生产实习的实践教学成果，也被应用于《土木工程施工》理论课程教学和其他相关课程的教学实践。以下主要介绍该课件中的两个实际案例，分别是案例 1：华贸中心工程、案例 2：中灿苑小区工程，以及它们是怎样融合于《土木工程施工》教学实践中的。

安全生产知识问答　 查看答案正确答案

〖问题2〗
在工程建设项目主体结构施工阶段，为了保证安全，施工生产的控制要点有哪些？

图 7-4　"安全生产知识问答"：问题示例

安全生产知识问答

〖答案〗
主体结构施工阶段，为了保证安全，施工生产的控制要点有：

①临时用电安全；②内外架子及洞口防护；③作业面交叉施工及临边防护；

④大模板和现场堆料防倒塌；⑤机械设备使用安全

图 7-5　"安全生产知识问答"：答案示例

观察工人师傅的具体操作，掌握操作要领。在今后的实践中，通过观察能发现问题、解决问题。在这一阶段还可以进行资料收集及专题研究……

图 7-6　获奖内容中学生正在收集资料

图 7-7 获奖课件的生产实习案例演示内容菜单

图 7-8 获奖内容中学生正在动手绑扎钢筋

案例 1：北京华贸中心（图 7-9）坐落于长安街国贸桥以东 900m 处，是东长安街上地标性百万平方米超大规模商务建筑集群。它的出现使 CBD 繁华地段东移，是北京市 60 项重大工程之一。华贸中心由北京国华置业有限公司开发，总计投资额 80 亿元人民币。项目于 2003 年 5 月 28 日正式启动，2008 年奥运会前全面投入运营。项目占地超过 15 公顷，开发建设规模约百万平方米，由 3 栋高达百余米的超 5A 智能写字楼、2 座超豪华酒店、商城、国际公寓、商务楼和公园组成。该工程占地面积大，基础底板的施工是大体积混凝土浇筑，施工技术高，施工质量要求严，是一座典型的商贸工程施工案例，在课堂上通过播放配有解说文字的工程视频，能把课程部分章节的主要知识点，包括土方工程、钢筋工程、大体积混凝土浇筑、施工机械等内容以具体施工的方式在课堂上演示，既可以帮助学生复习所学知识，又有助于拓宽他们的知识面，锻炼他们理论联系实际的能力。

案例 2：中灿苑小区工程（图 7-10）位于朝阳区大屯乡，建筑形式为钢筋混凝土高层/板楼/塔楼。该工程案例视频的制作是 2003 级土木工程专业本科生在授课老师的指导下在生产实习期间以团队协作的方式完成的，有的同学负责摄像，有的同学负责照相，有的同学负责文字处理，有的同学负责视频制作，加入的背景音乐是学生的原创音乐，主要内容包括工程底板钢筋的绑扎，混凝土的浇筑、震捣、找平，现场钢筋的加工等。通过工程案例视频的演示，学生能够对土木工程专业的现状和发展方向有所了解，有利于理论和实际结合，对企业实际的生产过程、运行管理机制，对社会、对国情有比较实际和全面的认识，为今后走向社会、就业等奠定基础。

图7-9　案例1：华茂中心工程展示图

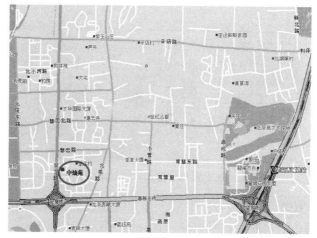

图7-10　案例2：中灿苑小区工程位置图

7.2　校企合作、共赢发展成功案例

"不息为体、日新为道"语自刘禹锡的《问大钧赋》，指以坚持追求作为本体，以每天创新作为途径。这句名言如今是北京工业大学的校训。北京工业大学创建于1960年，是一所以工为主，理工、经管、文法相结合的多学科性市属重点大学。1996年12月学校通过国家"211工程"预审，正式跨入国家21世纪重点建设的百所大学的行列。自成立至今，北京工业大学始终秉承"不息为体、日新为道"的办学精神，稳步推进人才强校、特色发展和开放办学三大办学战略，努力将学校建设成为一所国际知名、有特色、高水平大学，为"人文北京、科技北京、绿色北京"和首都"世界城市"建设作出积极的贡献。北京工业大学建筑工程学院❶自1998年4月成立，定位为适应北京市建设国际化大都市和北京工业大学"211工程"建设的需要，培养面向21世纪的高层次人才。学院设有土

---

❶　2020年年初，北京工业大学城市建设学部正式实体化运行，同时撤销了原建筑工程学院、城市交通学院、建筑与城市规划学院3个机构建制，以上3个机构的职责由城市建设学部承担。

木工程、水务工程、建筑环境与设备、道路与桥梁 4 个学科部（系）和综合实验中心及建筑勘察设计院。为贯彻《国家中长期教育改革和发展规划纲要（2011～2020 年)》精神以及教育部"本科教学工程"要求，结合北京工业大学第五次教育教学大讨论和 2012 级本科教学计划修订工作，学院加大了对实践教学的重视程度，其中如何建立校、企长期合作，为学生提供一个稳定和良好的实践平台是保证实践教学顺利实施的重要举措，2012 年通过与大型国有施工企业——中国建筑第八工程局（北京）第一事业部签订学生参加实践教育的协议，建立校外实习基地以此带动学生实践的长期和稳定发展，锻炼学生实践能力。通过加强企业和高校的合作，在短短的两年内取得了课程研究和科研等方面的双赢。

7.2.1 体制与机制：在实施"卓越计划"中深化产学研合作

"卓越工程师教育培养计划"（简称"卓越计划"）是贯彻落实《国家中长期教育改革和发展规划纲要（2010～2020 年)》和《国家中长期人才发展规划纲要（2010～2020 年)》的重大改革项目，旨在培养造就一大批创新能力强、适应经济社会发展需要的高质量各类型工程技术人才，为国家走新型工业化发展道路、建设创新型国家和人才强国战略服务。截至 2010 年，我国开设工科专业的本科高校 1003 所，占本科高校总数的 90%；高等工程教育的本科在校生达到 371 万人，研究生 47 万人。该计划对促进高等教育面向社会需求培养人才、全面提高工程教育人才培养质量具有十分重要的示范和引导作用。

北京工业大学作为全国首批卓越工程师培养试点高校，在探索和实践卓越工程师培养模式、卓越工程师培养方案等方面做了积极的尝试，大力推进工程教育的人才培养模式。其中建工学院制定在校内学习阶段，以强化学生工程实践能力、工程设计能力与工程创新能力为核心，重构课程体系和教学内容，加强跨专业、跨学科的复合型人才培养；企业学习阶段，主要是学习企业的先进技术和先进企业文化，深入开展工程实践活动，结合生产实际做毕业设计，参与企业技术创新和工程开发，培养学生的职业精神和职业道德。而如何依托各方的资源优势搭建校企长期稳定的合作桥梁是摆在学院面前值得深入思考的问题。

一、二级建造师的出题和阅卷为合作搭建了桥梁，2006 年建设部和人事部组织高校的教师和企业的工程师参加一、二级建造师的出题和阅卷，北京工业大学建工学院的教师和中建八局的工程师也应邀参加，高校老师出题理论严谨，中建八局的工程师出题则侧重实践，两者互相结合、取长补短提高了出题质量，也开启了资源共享、双赢发展的先河，为今后的进一步合作打下了良好的基础。

中国建筑第八工程局有限公司（简称中建八局）是隶属于世界 500 强企业中国建筑股份有限公司的国有大型骨干施工企业。业务主要包括"设计研发、房屋建筑、基础设施、地产开发、投资运营"五大板块。其中，房屋建筑和基础设施等施工承包业务涉足各种工业与民用建筑、交通、市政、能源、汽车制造、石油化工、制药、建材、机械、轻纺、通信、电子、航天、国防军工等领域，并已经形成了机场航站楼、写字楼、超高层、会议展览、体育场馆、文化旅游、医疗卫生、精品酒店、商业综合体、地下空间、综合管廊、大型工业厂房和轨道交通、公路桥梁、高速铁路等系列建筑产品。

国内市场覆盖国内所有一、二线中心城市以及国内经济发展活跃地区，并在环渤海、山东、江苏、长三角、珠三角、东北、中原、西北、西南九大经营区域设立有办事处机构。

中国建筑第八工程局（北京）第一事业部（以下简称"中建八局一部"）是中国建筑第八工程局有限公司在北京区域的一个责任单位，同类事业部中建八局在北京拥有十几个，均为在办事处总体协调下独立经营的市场主体。中建八局一部自 2001 年进入北京，目前已经具备年承揽合同额 30 亿元、完成施工产值 16 亿元的施工总承包能力，近年来合同额及产值均以 20%～30%的增幅稳步提升。

中建八局一部目前在北京管理人员超过 200 人，根据总承包管理要求人员分别具有注册建造师、注册造价工程师、注册安全工程师等职业资格，具备高级工程师、工程师、助理工程师、技术员等职称及相应岗位资格，是一个高效的项目管理团队。

中建八局一部在北京每年基本上均有不低于 2 项工程获得北京市"结构长城杯"及北京市"文明安全工地"奖项，参与了部分重点工程的建设，为北京城市建设做出了积极的贡献。

北京工业大学建筑工程学院自 1998 年 4 月成立，定位为适应北京市建设国际化大都市和北京工业大学"211 工程"建设的需要，为北京市的城市建设培养技术人才，在这一点上，北京工业大学建筑工程学院和中国建筑第八工程局（北京）第一事业部有契合的合作基础，加上前期的交流与互动，更加深了合作意向，以此来实现优势互补和资源共享。2012 年在诚信交往的基础上，北京工业大学建筑工程学院正式与大型施工企业——中国建筑第八工程局（北京）第一事业部签订了合作协议书，就学生实践学习和科研合作、技术转让等达成长期协议，以实现共同发展、合作双赢。校外实习基地的建设带动了学生实践的长期和稳定发展，锻炼了学生的创新素质和实践能力。同时，校企合作也带动了高校课程研究和校企科研互动等方面的双赢。

7.2.2 创新与引领：通过校企签订合作协议建立校外实习基地描绘合作蓝图

通过短短不到两年的合作，取得了阶段性成果。主要包括：由高校老师将企业的好的工程经验加以总结形成科技成果，共同发表了论文；通过工程实践勇于发现创新点，以实用新型或发明专利的形式实现对知识产权的保护，达到创新驱动的目的。

诚信是合作的必要条件，在双方互相认知对方资源优势的基础上以签订协议的方式明确了各自的权力和义务，具体协议内容示例如下：

甲方：北京工业大学建工学院
（一）、向乙方提供参加实践教育的学生名单。
（二）、根据学校的教学要求和企业的实际生产情况，与乙方协商制定实践教育的教学计划，并提供对学生的考核办法。
（三）、向乙方提供学生参加实践教育的教学计划和要求。
（四）、指定专人与乙方保持联系，及时了解计划的执行情况与学生在企业的表现，协商解决出现的问题。
（五）、依据实际需要，可为在乙方参加实践教育的学生进行人身保险。
（六）、同意在乙方参加实践教育的学生毕业时，根据双向选择原则，优先进行派遣。

（七）、对乙方生产或管理的问题，积极解决能胜任的部分：优先考虑科研合作、成果转让、技术改造、咨询服务等方面的需要。

乙方：中国建筑第八工程局（北京）第一事业部

（一）、同意接受甲方学生在企业进行实践教育（含生产实践、毕业实习、毕业设计）。

（二）、负责安排学生的实践岗位，指派有较强政治素质的业务技术骨干，按计划要求指导学生，并从工作、思想及生活上关心爱护学生。

（三）、按照管理规定负责做好学生的考勤和考核，考核包括：政治思想、道德品质、劳动纪律、安全生产情况、实际上岗操作的能力。

（四）、对学生进行思想品德、劳动纪律和安全生产方面的教育，向学生申明企业纪律，对严重违反企业纪律的学生，可退回甲方。

（五）、力争为参加实践教育的学生提供必要的学习环境。

1. 从培养人才的高度，动员职工关心爱护学生；

2. 提供较多的实际在岗操作机会；

3. 提供实习必要的技术资料；

4. 吸收学生参加企业举办的技术业务讲座、研讨会；

5. 动员学生参加企业组织的社会公益劳动和文体活动。

（六）、当参加本企业实践教育的学生毕业时，优先录用符合乙方需求并愿意留下的毕业生。

（七）、派遣企业技术骨干为甲方开设专业实践环节进行讲课和指导，指导费用由甲方按照学校外聘人员要求支付。

7.2.3 互动与双赢：合作的成果和效益

通过校企合作建立校外实习基地，在近年来的实践中，企业接收本科生实习 80 多人次（见图 7-11），学生通过工程实践，理论联系实际，不仅巩固、深化了对课本所学的理论知识的理解，并为后续专业课程学习取得了感性认识；学生通过实践训练，也锻炼了其分析问题、解决问题、从实践中汲取知识及概括总结的能力；实践的过程也是学生认识社会、了解社会的过程，从一线工人和工程技术人员身上学生们可以学习对工作严谨、认真

图 7-11 学生在工地实习和施工企业指导老师的合影

负责的态度；加深学生对本专业的了解与热爱。

通过实践，学生对土木工程专业的现状和发展方向有所了解，有利于理论和实际结合，对企业实际的生产过程、运行管理机制，对社会、对国情有比较实际和全面的认识，为今后走上社会、就业等奠定了基础。通过与企业合作，师生与企业合作完成多项专利申请及合作发表多篇论文，取得了显著的成果。

此外，成果带动了其他相关课程的建设，包括建设项目管理、建筑经济管理等课程的课程体系建设和相关的教学与研究。

参 考 文 献

[1] 中华人民共和国住房和城乡建设部. 住房城乡建设部关于简化建筑业企业资质标准部分指标的通知 [S]. 2016-10-14（引用日期 2018-07-09）.

[2] 章慧蓉，郭立，杨静. 开启创新之门——创新人才素质教育与实践 [M]. 北京：冶金工业出版社，2016.

[3] 戎贤，杨静，章慧蓉. 工程建设项目管理 [M]. 北京：中国交通出版社，2014.

[4] 冯为民. 建筑施工实习指南 [M]. 武汉：武汉理工大学出版社，2000.

[5] 章慧蓉，刘景园，陈向东. 建筑施工工程实践教学体系的改革初探 [J]. 建筑教育改革理论与实践，2006，8（7）.

[6] 章慧蓉，刘景园，陈向东. 本科教学课程体系的改革与实践——"土木工程施工"教学课程改革探索 [J]. 建筑教育改革理论与实践，2007，9（7）.

[7] 章慧蓉. 高校创新型人才培养的方法研究——土木建筑教育改革理论与实践 [M]. 武汉：武汉理工大学出版社，2009.

[8] 章慧蓉，于成江，于伯祯. 土木工程施工生产实习——实践教学方法研究 [J]. 武汉理工大学学报（社会科学版），2013（10）.

[9] 章慧蓉，于成江，于伯祯. 基于创新和实践能力培养的土木工程施工实践平台建设 [J]. 华中科技大学学报（社会科学版），2014（1）.

[10] 章慧蓉，于成江，等. 校企合作共赢发展 [J]. 中国高校科技，2014（5）.

[11] 章慧蓉.《土木工程施工》本科教学课程改革的理论和实践 [C] //土木建筑教育改革理论与实践. 武汉：武汉理工大学出版社，2010.

[12] 章慧蓉. 土木工程学科创新人才培养的教学方法研究与实践 [C] //高等学校土木工程专业建设的研究与实践——第十届全国高校土木工程学院（系）院长（主任）工作研讨会论文集. 长沙：中南大学出版社，2010.

[13] 章慧蓉. 卓越工程师培养理念下《土木工程施工》课程教学方法探讨 [C] //2013 年工程和商业管理国际学术会议（EBM2013）.

[14] 章慧蓉. 卓越工程师培养理念下的土木工程施工实践平台建设 [J]. 广西大学学报（自然科学版），2016（增刊）.

[15] 章慧蓉.《土木工程施工生产实习》实践教学平台建设的思考和实践 [C] //第五届土木工程结构试验与检测技术暨结构实验教学研讨会论文集，2016.

[16] 章慧蓉，等. 土木工程大学生校外实习安全生产管理研究 [J]. 高等工程教育研究，2018（增刊）：372.

[17] 雅克·列维. 企业界与高等教育界之间的合作 [C] //全球产学研结合的现状与发展趋势——巴黎国际会议专集，1998.